安徽省高等学校　　　　　　　　教材

Python 语　程序设计

崔　琳　吴孝银
张志伟　杨小莹　主编

科学出版社
北　京

内 容 简 介

Python 作为一门程序设计语言，近年来被广泛使用。本书由一线骨干教师编写，是一本理论与实践并重的教材。全书主要讲解了 Python 语言基础、函数与模块、特征数据类型及其操作、面向对象程序设计、字符串和正则表达式、多线程与多进程、异常处理、数据库操作、文件操作和数据可视化等。本书的特色是理论知识体系完善、实践案例清晰易懂，便于学生自学和教师施教。

本书面向全国各类高等院校，可作为计算机科学与技术、数据科学与大数据技术、软件工程等专业的专业基础课教材，也可作为其他理工科和文科类专业的程序设计公共课教材，备战国家计算机二级等级考试"Python 语言程序设计"的人士也可选择此书作为考前自学资料。

图书在版编目(CIP)数据

Python 语言程序设计 / 崔琳等主编. —北京：科学出版社，2021.3
(安徽省高等学校"十三五"规划教材)

ISBN 978-7-03-066299-6

Ⅰ. ①P… Ⅱ. ①崔… Ⅲ. ①软件工具-程序设计-高等学校-教材
Ⅳ. ①TP311.561

中国版本图书馆 CIP 数据核字(2020)第 190387 号

责任编辑：于海云 / 责任校对：王　瑞
责任印制：吴兆东 / 封面设计：迷底书装

科学出版社出版
北京东黄城根北街 16 号
邮政编码：100717
http://www.sciencep.com
北京虎彩文化传播有限公司印刷
科学出版社发行　各地新华书店经销
*
2021 年 3 月第　一　版　开本：787×1092　1/16
2024 年 3 月第四次印刷　印张：11
字数：260 000

定价：39.80 元

(如有印装质量问题，我社负责调换)

前　言

Python 语言自 20 世纪 90 年代初诞生至今，已被广泛应用于科学计算和信息系统管理任务中。自 2004 年以后，Python 的使用率呈线性增长，已经成为最受欢迎的程序设计语言之一。2011 年 1 月，TIOBE 编程语言排行榜将其评为 2010 年度语言。Python 是一种解释型、面向对象、具有动态数据类型的高级程序设计语言，它简洁、易读且具有可扩展性。随着社会需求的增加，许多高校纷纷开设 Python 程序设计课程。

本书以 Python 3.6 为编程环境，从基本的程序设计思想入手，逐步展开对 Python 应用技术开发知识的讲解。全书共分为 11 章，第 1 章为 Python 概述，第 2 章讲解 Python 语言基础，第 3 章讲解 Python 函数与模块，第 4 章讲解 Python 特征数据类型及其操作，第 5 章讲解 Python 面向对象程序设计，第 6 章讲解 Python 字符串和正则表达式，第 7 章讲解 Python 多线程、多进程，第 8 章讲解 Python 异常处理，第 9 章讲解 Python 数据库操作，第 10 章讲解 Python 文件操作，第 11 章讲解 Python 数据可视化。

本书的主编为崔琳、吴孝银、张志伟、杨小莹，副主编为潘正高、汪材印、邱慧丽，参编为王勇、张晓梅、王开源、高铭悦、梁楠楠、王胜、李闪闪。第 1 章由崔琳、梁楠楠编写，第 2 章由崔琳、张晓梅编写，第 3 章和第 4 章由崔琳、邱慧丽、王开源编写，第 5 章由崔琳、吴孝银、王开源编写，第 6 章由潘正高、崔琳编写，第 7 章由崔琳、王胜编写，第 8 章由李闪闪、高铭悦编写，第 9 章由杨小莹、王勇编写，第 10 章由崔琳、汪材印编写，第 11 章由张志伟、王勇编写。崔琳、张志伟、邱慧丽和汪材印对本书做了后期校订和整理工作。在本书的编写过程中，得到北京尚学堂科技有限公司的大力支持，在此表示感谢。

由于时间仓促，编者水平有限，书中难免存在疏漏与不妥之处，敬请大家批评指正。主编崔琳的电子邮箱地址为：jsjxcuilin@126.com。

编　者

2020 年 7 月

目　　录

第 1 章　Python 概述

学习目标

掌握 Python 语言的特点和 Python 语言的运行机制；了解 Python 编程环境的安装过程。

教学重点及难点

重点：Python 语言的特点、Python 语言的运行机制。
难点：Python 编程环境的安装。

1.1　Python 的发展简史

Python 是一种解释型、面向对象、具有动态数据类型的高级程序设计语言。最初被设计用于编写自动化脚本(shell)，随着版本的不断更新和语言新功能的添加，被用于大型项目的开发。Python 的创始人为荷兰人吉多·范罗苏姆(Guido van Rossum)。1989 年圣诞节期间，Guido 为了打发圣诞节的无趣，决心开发一个新的脚本解释程序，作为 ABC 语言的一种继承。之所以选中 Python(大蟒蛇的意思)作为该编程语言的名字，是取自英国 20 世纪 70 年代首播的电视喜剧 *Monty Python's Flying Circus*(蒙提·派森的飞行马戏团)。Python 的标识及其创始人如图 1.1 所示。

图 1.1　Python 的标识及其创始人 Guido van Rossum

Python 的第一个公开发行版于 1991 年发行，Python 的具体发展过程如下。

1989 年，Guido 开始编写 Python 语言的编译器。1991 年，第一个 Python 编译器诞生，它是用 C 语言实现的，并能够调用 C 语言的库文件。从 Python 诞生之初，Python 就具有了类、函数、异常处理、包含表和词典在内的核心数据类型、以模块为基础的拓展系统。1994 年 1 月，Python 1.0 增加了 lambda、map、filter 和 reduce 函数。

依据解释器的不同，Python 主要分为 Python 2.x 和 Python 3.x 两种版本。Python 的

高版本并不是完全兼容低版本的，Python 正在朝着 3.x 版本进化，在进化过程中，大量的针对 2.x 版本的代码要修改后才能运行。

Python 2.x 版本于 2000 年 10 月 16 日发布，稳定版本是 Python 2.7。Python 2.x 的发展历程如下：2000 年 10 月，Python 2.0 加入了内存回收机制，构成了现在 Python 语言框架的基础；2004 年 12 月，开发了 Python 2.4，同年流行的 Web 框架 Django 诞生；2006 年 9 月，开发了 Python 2.5；2008 年 10 月，开发了 Python 2.6；2010 年 7 月，开发了 Python 2.7 版本。2014 年 12 月，Python 官方宣称 Python 2.7 版本到 2020 年停止运行；同时声明将不会有 Python 2.8 版本的出现，并将尽快向 Python 3.4+版本过渡。

Python 3.x 版本的发展历程如下：2008 年 12 月，Python 3.0 版本出现；2009 年 6 月，Python 3.1 诞生；2011 年 2 月，Python 3.2 诞生；2012 年 9 月，Python 3.3 诞生；2014 年 3 月，Python 3.4 诞生；2015 年 9 月，Python 3.5 诞生；2016 年 12 月，发布了 Python 3.6 版本。

由于 Python 语言的简洁性、易读性以及可扩展性，在国外有很多使用 Python 做科学计算的研究机构，一些知名大学采用 Python 语言讲授程序设计课程。例如，卡内基·梅隆大学的“编程基础”、麻省理工学院的“计算机科学及编程导论”就使用 Python 语言讲授。众多开源的科学计算软件包都提供了 Python 的调用接口，如著名的计算机视觉库 OpenCV、三维可视化库 VTK、医学图像处理库 ITK。三个十分经典的科学计算扩展库 Numpy、Scipy 和 Matplotlib，分别为 Python 提供了快速数组处理、数值运算以及绘图功能。因此，Python 语言及其众多的扩展库所构成的开发环境十分适合工程技术人员和科研人员处理实验数据、制作图表，甚至开发科学计算应用程序。

1.2　Python 的应用领域

1) Web 开发

尽管 PHP 是 Web 开发的流行语言，但是 Python 上升势头更猛。随着 Python 的 Web 开发框架 Django 和 Flask 的逐渐成熟，Python 可以快速地开发功能强大的 Web 应用。特别是 Django，无论是建大型网站，还是开发 OA 或 Web API，Django 都可以轻松胜任。

2) 网络爬虫

有了 Python，使用几行代码就可以写出网络爬虫算法。爬虫的真正作用是从网络上获取有用的数据或信息，可以节省大量人工时间。在众多编写网络爬虫的编程语言中，Python 是其中的主流之一。Python 自带的 urllib 库、第三方的 requests 库和 Scrappy 框架让开发爬虫变得非常容易。

3) 计算与数据分析

随着 Numpy、Scipy 和 Matplotlib 等众多程序库的开发和完善，Python 越来越适合于科学计算和数据分析。它不仅支持各种数学运算，还可以绘制高质量的 2D 和 3D 图像。与 MATLAB 相比，Python 比 MATLAB 所采用的脚本语言的应用范围更广泛，可以处理更多类型的文件和数据。

4) 人工智能

Python 在机器学习、神经网络、深度学习等方面都是主流的编程语言，得到广泛的支持和应用。MASA 和 Google 早期大量使用 Python，为 Python 积累了丰富的科学运算库。当人工智能时代来临之后，Python 从众多编程语言中脱颖而出，多种人工智能算法基于 Python 编写，尤其是 PyTorch 出现之后，Python 作为人工智能时代首位语言的位置基本确定。

5) 自动化运维

作为运维工程师首选的编程语言，在很多操作系统中，Python 是标准的系统组件。大多数 Linux 发行版和 Mac OS 都集成了 Python，可以在终端下直接运行 Python。Python 标准库包含了多个调用操作系统功能的库。通过 pywin32 第三方软件包，Python 能够访问 Windows 的 COM 服务及其他 Windows API。使用 IronPython，Python 程序能够直接调用.NET Framework。Python 编写的系统管理脚本在可读性、性能、代码重用度、扩展性等方面都优于普通的 Shell 脚本。

6) 云计算

Python 的强大之处在于模块化和灵活性，构建云计算平台 IaaS (infrastructure as a service) 的 OpenStack 也采用 Python，云计算的其他服务大都运行在 IaaS 之上。

7) 网络编程

Python 提供了丰富的模块，支持 socket 编程，能够方便快速地开发分布式应用程序。很多大规模软件开发计划，如 Zope、BitTorrent 和 Google 都使用 Python 进行网络编程。

8) 游戏开发

很多游戏使用 Python 编写游戏逻辑，Python 的一个开放源代码模块 PyGame 库可以用于直接开发游戏和其他多媒体应用。使用 PyGame 模块编写游戏，可以轻松控制游戏的逻辑和图形，不需要担心处理视频和音频所需的后端复杂性。

1.3　Python 的安装

Python 跨平台，其可以运行在 Windows、Mac、Linux/UNIX 等各种操作系统下。在 Windows 下编写的 Python 程序，在 Linux 下也是能够运行的。开始学习 Python 编程时，首先安装 Python，然后生成一个 Python 解释器，Python 解释器主要负责运行 Python 程序。Python 解释器主要包含命令行交互环境和简单的集成开发环境。

1. 在 Windows 下安装 Python 3.x 版本

本书基于 Windows 平台讲解 Python 语言知识，在 Windows 平台下安装 Python 开发环境的步骤如下。

(1) 进入 Python 官网 http://www.python.org，在 Downloads 下拉菜单中选择 Windows 操作系统。选择最新的版本（本书以 3.6.4 为例），滑动至新的页面的最下面，界面如图 1.2 所示，我们可以看到 Python 3.6.4 版本下还包含不同平台的版本。其中，embeddable zip file 是可以嵌入其他应用的版本，web-based installer 是需要联网安装的版本，executable installer 是可执行文件，可以直接安装，用户可以根据需要自行选择。

(2) 双击选择下载好的安装包（此处下载的是 Windows x86-64 executable installer），出

现安装界面，在图 1.3 中，有两种安装方式可供选择。第一种 Install Now 采用默认安装方式，第二种 Customize installation 是自定义安装方式，这两种安装方式，选择哪一种都可以。在此，选择 Install Now 安装方式。

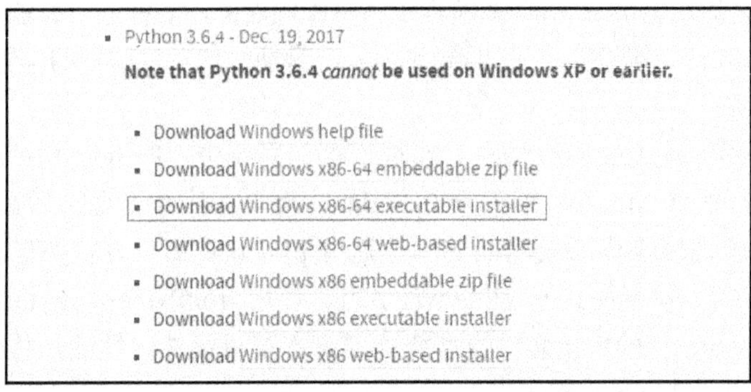

图 1.2 选择 Windows 平台的安装包

注意：在安装过程中，一定要选择 Add Python 3.6 to PATH 复选框，否则需要手动配置环境变量。

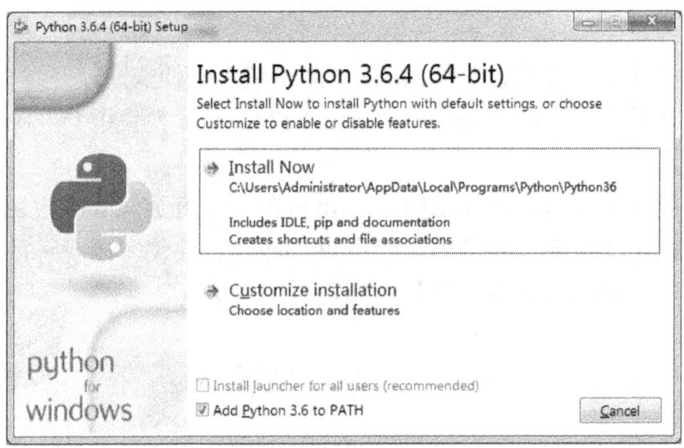

图 1.3 选择安装方式

(3) Python 的安装速度非常快，安装成功后的界面如图 1.4 所示。

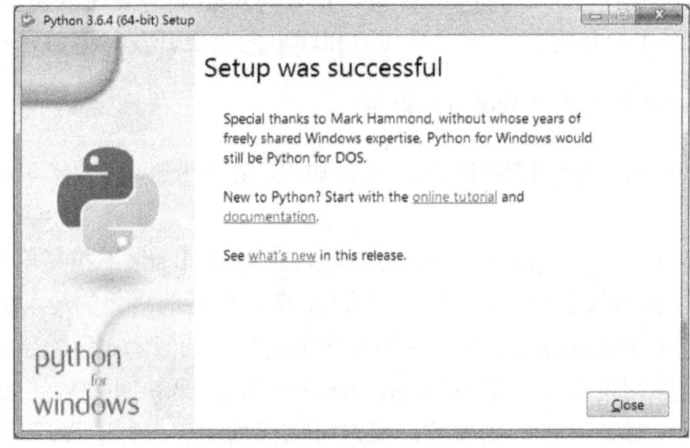

图 1.4 安装成功后的界面

(4) 安装后开启程序，运行 Python。

打开命令提示符窗口，输入 python 命令后，会出现两种提示情况，第一种情况是 Python 安装成功提示，如图 1.5 所示。

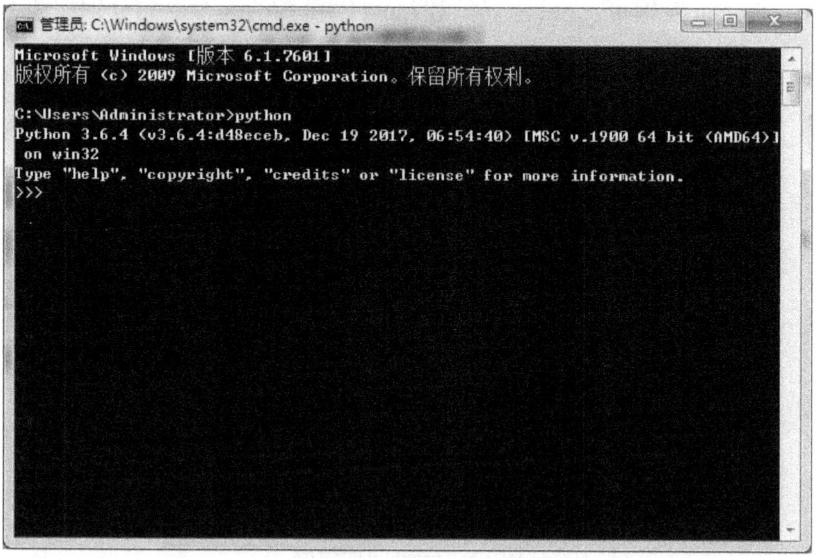

```
管理员: C:\Windows\system32\cmd.exe - python
Microsoft Windows [版本 6.1.7601]
版权所有 (c) 2009 Microsoft Corporation。保留所有权利。

C:\Users\Administrator>python
Python 3.6.4 (v3.6.4:d48eceb, Dec 19 2017, 06:54:40) [MSC v.1900 64 bit (AMD64)]
 on win32
Type "help", "copyright", "credits" or "license" for more information.
>>>
```

图 1.5　Python 安装成功提示

若出现图 1.5 的运行结果，就说明 Python 安装成功了。提示符“>>>”表示已经在 Python 交互式环境中，可以输入任何 Python 代码语句，按 Enter(回车)键后会立刻得到执行结果。输入 exit() 并按 Enter 键，就可以退出 Python 交互式环境，或者直接关掉命令行窗口，也可以退出 Python 交互式环境。

第二种情况是 Python 安装失败提示，如图 1.6 所示。

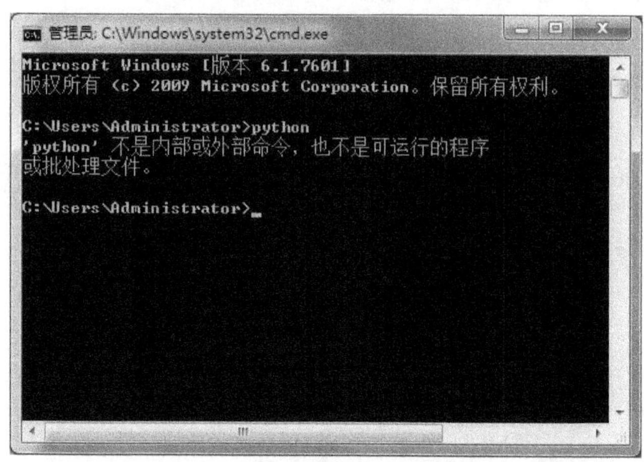

图 1.6　Python 安装失败提示

在图 1.6 中，我们可以看到 Python 安装失败提示语句是：'python'不是内部或外部命令，也不是可运行的程序或批处理文件。这是因为 Windows 会根据一个 Path 的环境变量设定的路径去查找 Python.exe，如果没找到，则显示此报错提示。

注意：如果在安装时漏掉了勾选 Add Python 3.6 to PATH 复选框，就需要手动把 Python.exe 所在路径添加至 Path 中。

(5) 在 Python 交互式环境下，可以直接运行 Python 语句，在提示符号“>>>”后输入代码语句，按 Enter 键即可。print( ) 函数和 input( ) 函数的运行语句分别如图 1.7 和图 1.8 所示。

```
>>>
>>> print('hello world!')
hello world!
>>>
```

图 1.7　print( ) 的使用

在图 1.7 中，使用 print( ) 函数输出“hello world!”，就这么简单。

```
>>> name = input('what is her name?\n')
what is her name?
Mary
>>> print('How do you do,%s' % name)
How do you do,Mary
>>> _
```

图 1.8　input( ) 的使用

在图 1.8 中，第一条语句“name = input('what is her name?\n')”表示用户看到“what is her name?”提示语句后，输入一个具体的姓名字符串常量并赋值给变量 name，在图 1.8 中，输入的是 Mary；第二条语句“print('How do you do,%s' % name)”表示使用 print( ) 函数输出“How do you do,Mary”，其中，“%s”用于匹配其后的变量 name 的值，其匹配思想和 C 语言类似。

(6) 执行“开始”→“程序”命令，找到 Python 3.6 文件夹，单击第一个 IDLE (Python 3.6 64bit) 命令，进入 IDLE 编辑器。当编写 Python 程序文件时，得到一个以.py 为扩展名的文本文件，在此命名为 file1.py，如图 1.9 所示。运行代码，需要 Python 解释器去执行 file1.py 文件。

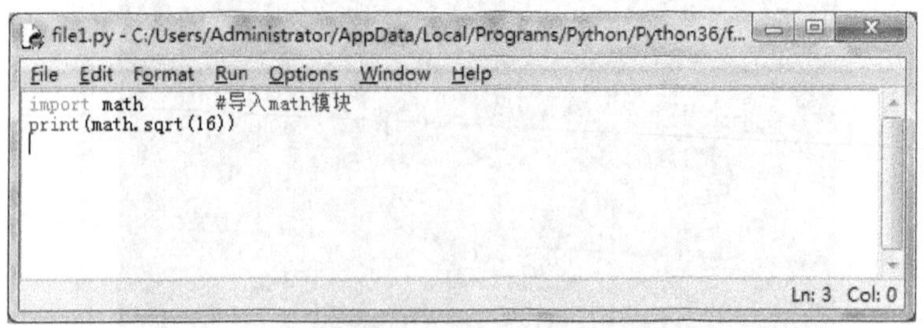

图 1.9　Python IDLE 编辑器如何新建文档

2. 安装 Anaconda

以上所讲述的第一种 Python 的安装方法，适合初学者学习。安装好 Python 后，有时还要使用 pip install 命令安装所需的库，后续安装操作有些麻烦。针对这种情况，我们可以直接安装 Anaconda，Anaconda 是一个基于 Python 的数据处理和科学计算平台，它已经内置了许多非常有用的第三方库，装上 Anaconda，就相当于把 Python 和一些如 numpy、pandas、matplotlib 等常用的库自动安装好了。因此，本书的讲解操作主要在 Anaconda 环境下进行。

(1) Anaconda 下载安装。进入官网 (https://www.anaconda.com/download/#windows) 下载对应正确的版本，如图 1.10 所示，这里选择的是 Windows 64bit。

图 1.10　Anaconda 安装版本选择

(2) 双击下载好的 exe 文件进行安装，单击 Next 按钮，再单击 I agree 按钮，选择 Just Me 选项，继续单击 Next 按钮，单击 Browse 按钮选择安装目录，继续单击 Next 按钮，进入如图 1.11 所示的安装界面，勾选图 1.11 中的 Add Anaconda to my PATH environment variable 复选框，并单击 Install 按钮等待完成。

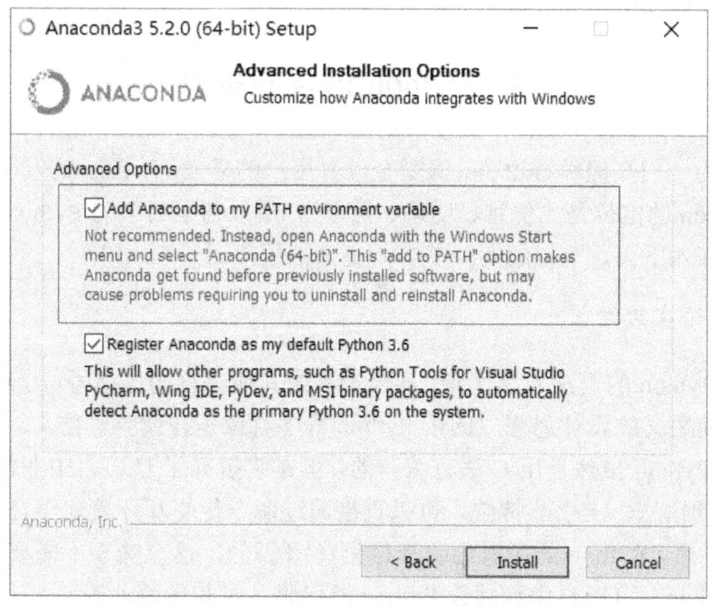

图 1.11　Anaconda 安装过程注意事项

(3) 继续单击 Next 按钮，单击 Skip 按钮，进入如图 1.12 所示的安装界面，取消选择如图 1.12 所示的两个复选框，然后单击 Finish 按钮即可。

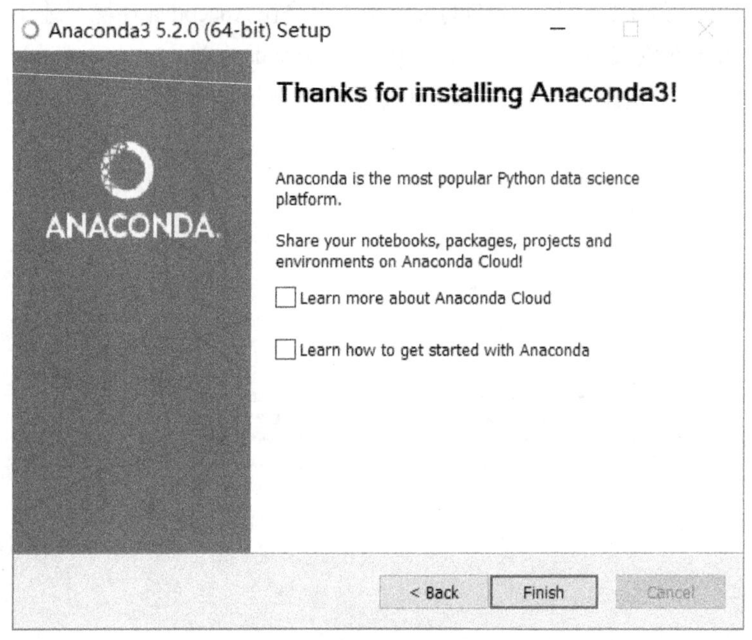

图 1.12　Anaconda 安装成功界面

(4) 按 Win+R 组合键，输入 cmd 进入 DOS 终端，输入 python，如果出现 Python 版本信息说明安装成功，然后再次进入终端切换盘符到 Anaconda 安装目录，输入 conda list 就可以查询现在安装了哪些库，初次安装的包一般比较老，为了避免之后使用报错，可以输入 conda update --all 命令，将所有包进行更新，在提示是否更新的时候输入 y (Yes) 让更新继续，等待完成即可。

1.4　Python 语言的特点

Python 作为一门高级编程语言，深受全世界用户的喜爱。Python 的发明者 Guido Van Rossum 给 Python 的定位是“优雅、明确、简单”，所以初学者学习 Python，不但入门容易，而且将来深入下去，可以编写一些非常复杂的程序。

1. Python 语言的优点

(1) 简单。Python 的语法非常优雅，甚至没有像其他语言的大括号、分号等特殊符号，代表了一种极简主义的设计思想，阅读 Python 程序就像是在读英语作文。

(2) 易学。Python 虽然是用 C 语言编写的，但是它摈弃了 C 语言中非常复杂的指针，简化了 C 语言的语法。上手非常快，可以直接通过命令行交互环境来学习 Python 编程。

(3) 免费/开源。Python 的所有内容都是免费/开源的，这意味着不需要花一分钱就可以免费使用 Python，可以自由地阅读 Python 源代码、对其做改动等。

(4) 可移植性。由于其开源本质，Python 已经被移植在许多平台上。这些平台包括

Linux、Windows、Macintosh、Android 等。

(5)解释型。大多数计算机编程语言都是编译型的，在运行之前需要将源码编译为操作系统可以执行的二进制格式，这样的大型项目编译过程非常消耗时间，而 Python 语言写的程序不需要编译成二进制代码，用户可以直接从源代码运行程序。

(6)可扩展性和可嵌入性。除了单独使用 Python 语言编写程序外，还可以与 C 语言、Java 语言混合至一起进行编程。如果想让一段关键代码运行更快或者希望某些算法不公开，可将此段代码程序使用 C 或 C++语言编写，然后在 Python 程序中使用它。把 Python 嵌入 C/C++程序，从而向程序用户提供脚本功能。

(7)丰富的标准库和第三方库。Python 拥有丰富而且强大的库，包括正则表达式、线程、数据库、网页浏览器、FTP、电子邮件、XML、HTML、图形用户界面(GUI)、Tkinter 组件和其他与系统有关的操作。只要安装了 Python，所有这些功能都是可用的。除了标准库以外，还有许多其他高质量的第三方库，如 Python 图像库、深度学习库等。

(8)规范的代码。Python 采用强制缩进的方式使代码具有极佳的可读性。Python 使用缩进而不是括号来进行代码段标识，减少了视觉上的混乱，并且使程序变短，从而提高了程序的可读性。

2. Python 语言的缺点

Python 虽然有很多优点，但是它也不是完美的，也有其自身的缺点。

(1)速度慢。由于 Python 是解释型语言，它的速度相对会比 C、C++语言慢一些，但是不影响使用。现在的硬件配置都非常高，基本上没有影响，除非是一些实时性比较强的程序可能会受到一些影响，但是也有解决办法，可以嵌入 C 程序。对于用户而言，机器上的运行速度是可以忽略的，因为用户根本感觉不出来这种速度的差异。

(2)软件不能加密。Python 是解释型语言，其源代码都是以明文形式存放，从而造成源代码不能加密。但是，在目前国内市场，编写网站和移动应用等软件提供给用户使用时，不需要给客户源代码，所以，“软件不能加密”有时也不会对用户使用 Python 产生较大影响。

(3)Python 的全局解释器锁(global interpreter lock，GIL)限制并发。当 Python 的默认解释器要执行字节码时，都需要先申请全局解释器锁。这意味着，如果试图通过多线程扩展应用程序，将总是被这个全局解释器锁限。当然，也可以使用多进程的架构来提高程序的并发执行速度。

1.5 Python 的基本运行机制

Python 有自身的解释器和执行指令的 Python 虚拟机(Python virtual machine，PVM)，这使得 Python 也具有像 Java 那样良好的跨平台特性。Python 的基本运行机制是 Python 的源代码文件*.py 被解释器编译之后，并不是像 Java 那样直接生成 class 文件，而是先生成 pyCodeObject 对象。pyCodeObject 对象保存的是 Python 的字节码数据，存放在内存中，它不是二进制的机器码，需要进一步编译才能被机器执行，这也是 Python 代码无法像 C/C++语言代码运行那么快的原因。pyCodeObject 对象进一步被编译过后才会生成

.pyc 文件并写入硬盘。.pyc 文件由三部分组成：Python 版本信息、*.pyc 文件的生成时间和字节码数据 pyCodeObject。当 Python 代码执行时会先检测硬盘中是否有编译好的 *.pyc 文件，如果有，直接拿来交给 Python 虚拟机执行，没有就进行编译，*.pyc 的时间信息用于保证代码修改过后能进行重新编译。Python 的基本运行机制如图 1.13 所示。

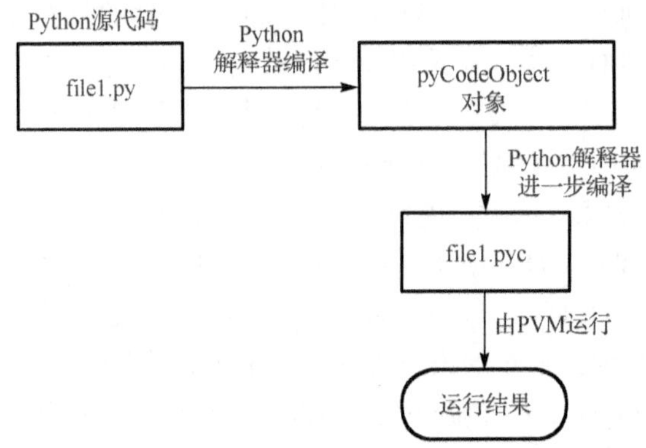

图 1.13　Python 的基本运行机制

注意：Python 解释器就是让 Python 程序运行起来的一套程序，它是代码与计算机硬件之间的软件逻辑层。Python 解释器有三种主要的实现方式：CPython、Jython 和 IronPython，其中，CPython 是最标准的实现方式，CPython 是由 C 语言编写的，它是大多数机器预装的 Python 解释器，也是运行最快、最完整、最健全的 Python 解释器。

1.6　Python 语言注释

使用注释是增加代码可读性的另一个简单且重要的方法。Python 中有单行注释、多行注释和批量注释，注释起到备注的作用。当团队合作编程时，个人编写的代码经常会被多人调用，为了让别人能更容易理解代码的用途，使用注释是非常有效的。Python 常用的单行注释符号是#，常用的多行注释符号是三对连续单引号''' '''或三对连续双引号""" """。需要注意的是，注释符号除了做注释、解释程序意思的作用外，还可以把不想运行也不想删除的程序屏蔽起来。

1) Python 单行注释符号(#)

井号(#)常用作单行注释符号，在代码中使用#时，它右边的任何数据都会被忽略，被当作注释，如：

```
print ("Hello, Python!")  #输出"Hello, Python!"
```

注意：#右边的内容在执行的时候是不会被输出的。

2) 批量、多行注释符号

在 Python 中也会有注释很多行的时候，这种情况下就需要批量、多行注释符号，如：

```
"""
Created on Mon Dec 2018
@author: Administrator
"""
```

3) Python 中文注释方法

在 Python 编写代码的时候，经常会使用中文，这时候需要在文件开头加上中文注释。例如，创建一个 Python list，在代码上面注释它的用途，如果开头不声明保存编码的格式是什么，那么它会默认使用 ASCII 码保存文件，这时如果代码中有中文就会出错了，即使中文是包含在注释里面的。所以加上中文注释很重要。Python 中文注释方法如下：

```
#coding=utf-8
```

或者

```
#coding=gbk
```

1.7　Python 中的 import 语句

1) 使用 import 语句导入模块

Python 中的 import 语句用来导入模块，它可以出现在程序中的任何位置。使用 import 语句导入模块的语法格式如下：

```
import module
```

其中，import 是导入关键字，module 是某一具体模块名。

使用方法如：

```
import math            #导入 math 模块
math.sqrt(9)           #调用 math 模块中的 sqrt()函数
```

如果要同时导入多个模块，只需要在模块名之前用逗号进行分隔：

```
import module1,module2,module3...
```

同时导入多个模块的方法，对于初学者来说可读性和可理解性不如第一种好。所以想要导入多个模块时，还是推荐使用第一种方式，把每一个模块都单独进行一次导入，便于理解。

在编写代码的过程中，我们可能需要多种多样的模块，需要注意的是最好把导入模块放在代码的开头。解释器在执行语句时，遵循作用域原则。因为这和作用域有关系，如果在顶层导入模块，此时它的作用域是全局的；如果在函数内部导入模块，那么它的作用域只是局部的，不能被其他函数使用。如果其他函数也要用到这个模块，还需要再次导入，比较麻烦。

使用 import 语句导入模块时最好按照下面的顺序：

(1) Python 标准库模块。

(2) Python 第三方库模块。

(3) 自定义模块。

注意：Python 的标准库是 Pyhon 安装时默认自带的库；Python 的第三方库需要下载后安装到 Python 的安装目录下，不同的第三方库安装及使用方法不同。两种库的调用方式是一样的，都需要用 import 语句调用。简单地说，标准库是默认自带、不需要下载安装的库，第三方库是需要下载安装的库。

2) from…import 语句

from…import 语句也是导入模块的一种方法，更确切地说是导入指定的模块内的指定函数方法，from…import 语句语法如下：

```
from module import name
```

其中，from 是关键字“从”的意思，module 是模块名，import 是关键字，表示导入，name 是方法名。例如，导入 math 模块中的 sqrt 函数，语句如下：

```
from math import sqrt        #导入 math 模块中的 sqrt 函数方法
sqrt(64)                     #调用 sqrt()函数方法
```

1.8　Python 编程规范与代码优化建议

(1) 缩进。在使用类定义、函数定义、选择结构、循环结构和 with 块等多种情景下，行尾的冒号表示缩进的开始。Python 程序依靠代码块的缩进体现代码之间的逻辑关系，缩进结束表示一个代码块结束，同一个级别的代码块的缩进量必须相同。一般而言，以四个空格为基本缩进单位。

```
age=6
if age>=6:
    print("you can go to school.")
```

(2) 每条 import 语句只导入一个模块，最好按标准库、扩展库、自定义库的顺序依次导入。

```
import csv
import random
import datetime
import pandas as pd
import matplotlib.pyplot as plt
```

(3) 最好在每个类、函数定义和一段完整的功能代码之后增加一个空行，在运算符两侧各增加一个空格，逗号后面增加一个空格，以体现出编程书写的规则性。

(4) 尽量不要写过长的语句。如果语句过长，可以考虑拆分成多个短一些的语句，以保证代码具有较好的可读性。如果语句确实太长而超过屏幕宽度，最好使用续行符“\”，或者使用圆括号将多行代码括起来表示它是一条语句。

```
x = 3+6+9\
  +5+12\
  +11
y = (3+6+9
  +5+12
  +11)
```

(5) 虽然 Python 运算符有明确的优先级，但对于复杂的表达式，建议在适当的位置使用括号使各种运算的隶属关系和顺序更加明确。

(6) 根据运算特点选择最合适的数据类型来提高程序的运行效率。如果定义一些数据只是用来频繁遍历，最好优先考虑元组或集合。如果需要频繁地测试一个元素是否存在于一个序列中，并且不关心其位置，尽量采用字典或者集合。列表和元组的 in 操作符的时间复杂度是线性的，而对于集合和字典却是常数级的，与问题规模几乎无关。

(7) 充分利用关系运算符以及逻辑运算符 and 和 or 的惰性求值特点，合理组织条件表达式中多个条件的先后顺序，减少不必要的计算。

(8) 减少内循环中的无关计算，尽量往外层提取。

本 章 小 结

(1) Python 的发展简史。

(2) Python 的应用领域。

(3) Python 语言的特点。

(4) Python 的运行机制。

(5) Python 的注释方法。

(6) Python 中的 import 语句。

(7) Python 编程规范与代码优化建议。

实　验

1．请仔细查找 Python 的标准库所在目录。

2．在 DOS 下，退出 Python-shell 的函数是什么？

3．编写一个简短的小程序，打印三行：你的姓名、出生日期，还有你最喜欢的颜色。输出格式如下：

```
我的名字叫××，我是××专业的一名学生。
我 1989 年 09 月 21 日出生。
我最喜欢的颜色是绿色。
```

习　题　1

1．在交互模式下，使用 Python 编程计算一个月有多少分钟。

2．编写程序：打印姓名、学号、性别、英语成绩等信息。

3．利用 input 输入三个数值，并求和。(提示：float 函数可以将字符串转换为单精度浮点数)

4．如果要使编写的 Python 程序支持中文，应该怎么做？

第 2 章　Python 语言基础

学习目标

理解 Python 基本数据类型；掌握 Python 变量的创建和赋值；掌握 Python 运算符与表达式的定义；掌握三种程序控制结构。

教学重点及难点

重点：Python 变量的创建和赋值，Python 运算符与表达式的定义。

难点：Python 的三种程序控制结构。

2.1　Python 基本数据类型

Python 中的基本数据类型包括数字、布尔值、字符串、列表、元组、集合、字典。

2.1.1　数字

1) int (整型)

在 32 位机器上，整数的位数为 32 位，取值范围为 -2^{31}～$2^{31}-1$，即 -2147483648～2147483647。在 64 位系统上，整数的位数为 64 位，取值范围为 -2^{63}～$2^{63}-1$，即 -9223372036854775808～9223372036854775807。

在 Python 中，可对整数执行加、减、乘、除运算。

```
>>>11+25
36
>>>12-7
5
>>>6*7
42
>>>9/2
4.5
```

Python 中的运算符是有优先级的，但是可以通过括号来改变运算次序。

2) long (长整型)

与 C 语言不同，Python 的长整数没有指定位宽，即 Python 没有限制长整数数值的大小，但实际上由于机器内存有限，我们使用的长整数数值不可能无限大。

3) float (浮点型)

浮点数用来处理实数，即带有小数的数字。Python 可以妥善地处理浮点数，确保不管小数点出现在什么位置，数字都是正常的。

```
>>>1.3+1.5
2.8
>>>5*0.2
1.0
```

但是，需要注意的是，Python 运算结果包含的小数位数可能是不确定的。

```
>>> 0.2+0.1
0.30000000000000004
>>>6*0.2
1.2000000000000002
```

该问题主要是受计算机内部表示数字方式的影响，就现在而言，可以暂时忽略多余的小数。在以后的学习中，我们可以学习到处理多余小数的方式。

2.1.2　布尔值

在基本类型当中，布尔类型是最简单的一种。布尔类型的数值分为两种：True 和 False，其具体用法只需要记住以下几点即可。

(1) 当把一个数据转化成布尔类型时，使用 bool() 函数。

```
>>> bool(-9)
True
>>> bool(0)
False
>>> bool(11)
True
```

(2) 定义和初始化一个布尔型变量的语句如下：

```
>>>c=True
>>>c
True
>>> type(c)
<class 'bool'>
```

2.1.3　字符串

在 Python 中，在引号内按照从左到右的顺序依次包含一个个字符，即字符串就是用引号括起来的一系列字符。其中的引号使用单引号、双引号、三单引号或者三双引号都可以，但前后引号的类型必须保持一致。Python 3.x 全面支持中文，中文和英文字母都作为一个字符对待，也可以使用中文作为变量名。

注意：在 Python 下，关于字符及字符串的类型，Python 没有 char 类型，只有 str 类型。也就是说，只包含一个字符的常量也是字符串 str 类型的，而不是 char 类型的。这样的设计满足 Python 一切都尽可能简单的设计思想。

1) 字符串变量定义

```
>>> x='Hello world!'
>>> y="How do you do, Annie."
```

```
>>> z='''Nice to meet you.'''
>>> type(x)
<class 'str'>
>>> type(y)
<class 'str'>
>>> type(z)
<class 'str'>
```

2)扩展

字符串之间可以直接相加和相乘：

```
>>> x="WONDERFUL"
>>> y="wonderful"
>>> print(x+y)
WONDERFULwonderful
>>> print(x*4)
WONDERFULWONDERFULWONDERFULWONDERFUL
```

3)字符串索引

Python 对于字符串的操作还是比较灵活的，包括字符提取、字符串切片与字符串拼接等。字符串索引分为正索引和负索引，通常说的索引是指正索引。如图 2.1 所示，在 Python 中，索引是从 0 开始的，即第一个字母的索引是 0，第二个字母的索引是 1，以此类推。显然，正索引是从左到右标记字母的；负索引则从右到左标记字母，然后加上一个负号(–)。负索引的第一个值是–1，而不是–0，如果负索引的第一个值是 0，那么就会导致 0 索引指向两个值，这种情况是不允许出现的。

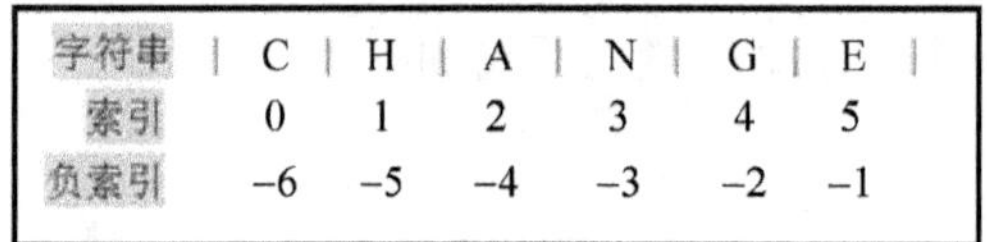

字符串	C	H	A	N	G	E
索引	0	1	2	3	4	5
负索引	–6	–5	–4	–3	–2	–1

图 2.1　字符串索引

4)字符串基本操作

(1)提取指定位置的字符。Python 中只需要在变量后面使用方括号([ ])将需要提取的字符索引括起来，就可以提取指定位置的字符。

输入：

```
word='CHANGE'
print(word[1])
print(word[0])
print(word[-1])
```

输出：

```
H
C
E
```

(2)字符串切片。字符串切片就是截取字符串的片段，形成子字符串。字符串切片方式形如 s[*i*:*j*]，s 代表字符串，*i* 表示截取字符串的开始索引，*j* 代表结束索引。

注意：在截取子字符串的时候将包含起始字符，但不包含结束字符，这是一个半开闭区间。Python 在字符串切片的功能上有很好的默认值，省略第 1 个索引，默认为 0，省略第 2 个索引，默认为切片字符串的长度。

输入：

```
word='Python'
print(word[0:4])
print(word[:2])
print(word[3:])
```

输出：

```
Pyth
Py
hon
```

注意：在字符串切片操作中，当第 2 个索引越界时，将会被切片字符串实际长度替代；当第 1 个索引大于字符串实际长度时，返回空字符串；当第 1 个索引值大于第 2 个索引值时，也返回空字符串。另外，在 Python 中，字符串是不可以更改的，如果给指定位置的字符重新赋值，将会出错。

(3) 字符串拼接。如果要修改字符串，最好的办法是重新创建一个字符串。如果只需要改变其中的小部分字符，可以使用字符串拼接方法。字符串拼接时，可以使用加号(+)将两个字符串拼接起来，使用星号(*)表示重复。另外，相邻的两个字符串文本是会自动拼接在一起的。

输入：

```
print('python is'+3*' good')
print('python is' ' good')
```

输出：

```
python is good good good
python is good
```

如果要将字符串“life is short,you need Java Program.”修改成“life is short,you need Python.”，则进行以下操作。

输入：

```
sen='life is short,you need Java Program.'
print(sen[:23]+'Python.')
```

输出：

```
life is short,you need Python.
```

2.1.4　列表、元组、集合、字典

列表(list)、元组(tuple)和字符串都是序列，字符串是字符的序列，列表和元组是任

意类型的序列。列表、元组、集合(set)和字典(dict)的特征如表 2.1 所示，第 4 章将详细讲解这几种序列结构。

表 2.1　列表、元组、集合、字典的对比

数据类型	列表	元组	集合	字典
定义	a_list=[1,true,'a']	a_tuple=(1,true,'a')	a_set={1,true,'a'}	a_list={'name':'小明','age':21}
是否有序	有序	有序	无序	无序
空定义	a_list = []	a_tuple = ()	a_set = set()	a_dict = {}
元素是否可修改	是	否	是	是
是否支持下标访问	是	是	否	是(使用键作为下标)
添加元素	+、append、extend、insert	不能添加	add、update	update
元素是否可重复	是	是	否	“键”不可以重复，“值”可以重复
布尔真值	非空	非空	非空	非空
元素查找速度	非常慢	很慢	非常快	非常快
新增和删除元素速度	尾部操作快，其他位置操作慢	不允许	快	快

2.2　Python 常量与变量

2.2.1　常量

在 Python 中，所谓常量就是不能改变的量，如常用的数学常数 PI 就是一个常量，在 Python 中，通常用全部大写的标识符来表示常量，如：

```
>>PI=3.1415926
```

但事实上 PI 仍然是一个变量，Python 没有任何机制保证 PI 不会被修改。所以，用全部大写的标识符表示常量只是一个习惯上的用法，实际上，PI 的值仍然可以被修改。

2.2.2　变量的创建和赋值

在 Python 中，当变量名第一次出现时，即为定义该变量。每个变量在使用前都必须赋值，变量赋值以后该变量才会被创建，一般使用等号(=)给变量赋值。变量定义之后，后续就可以直接使用了。

1) 变量的命名

(1) 变量名只能包含字母、数字和下划线。变量名以字母或下划线开头，但不能以数字开头，例如，可将变量命名为 var_2，但不能将其命名为 2_var。

(2) 变量名不能包含空格，但可使用下划线来分割其中的单词。例如，变量名 item_price 可以，但是 item price 就会出错。

(3) 不要将 Python 自带的关键字和函数名用作变量名。

(4) 变量名应既简短又具有描述性，需要有见名知义的效果。

2) 关键字

关键字就是在 Python 内部已经使用的标识符，具有特殊的功能和含义，开发者不允许定义与关键字名字相同的标识符。

通过以下命令可以查看 Python 中的关键字。

```
>>> import keyword
>>> print (keyword.kwlist)
['False', 'None', 'True', 'and', 'as', 'assert', 'break', 'class',
'continue', 'def', 'del', 'elif', 'else', 'except', 'finally', 'for',
'from', 'global', 'if', 'import', 'in', 'is', 'lambda', 'nonlocal',
'not', 'or', 'pass', 'raise', 'return', 'try', 'while', 'with', 'yield']
```

2.2.3 变量的指向问题

Python 采用基于值的内存管理模式。赋值语句的执行过程是：首先把表达式的值计算出来，然后在内存中寻找一个位置把值存放进去，最后创建变量并指向这个内存地址。Python 中的变量不直接存储值，而是存储值的内存地址或者引用，因此，Python 变量的类型才可以随时改变。

```
>>> a=3
>>> b=a
>>> print("a 的地址是:",id(a))
a 的地址是: 1830448256
>>> print("b 的地址是:",id(b))
b 的地址是: 1830448256
```

注意：Python 采用的是基于值的内存管理模式，如果为不同的变量赋予相同的值，则此值在内存中只保存一份，多个变量指向同一块内存地址。

2.2.4 多个变量赋值

最简单的变量赋值就是把一个变量值赋给一个变量名，只需要用等号(=)就可以实现。同时，Python 还可以将一个值同时赋给多个变量。若多个变量同时赋值，赋值时按照变量的顺序进行。

1) 一个值赋给多个变量

输入：

```
a=b=c=18
print(a,b,c)
```

输出：

```
1818 18
```

2) 多个变量同时赋值

输入：

```
a=10
b,c=6,a+4
```

```
print(a)
print(b)
print(c)
```

输出：

```
10
6
14
```

2.3　运算符与表达式

Python 支持算术运算符、关系(比较)运算符、赋值运算符、逻辑运算符、成员运算符、身份运算符，有的运算符可能具有多种不同的含义，使用非常灵活。下面依次介绍这些运算符的使用方法。

2.3.1　算术运算符

在 Python 下，常用的算术运算符如表 2.2 所示。

表 2.2　算术运算符

运算符	含义	示例
+	加：两个对象相加，或者一元加	$x+y$
-	减：两个对象相减，或得到负数	$x-y$
*	乘：两个操作数相乘，或是返回一个被重复若干次的字符串	$x*y$
/	除：两个操作数相除(总是浮点数)	x/y
%	取模：返回除法(/)的余数	$x\%y$(x/y 的余数)
//	取整除：返回商的整数部分	$x//y$
**	幂：返回 x 的 y 次幂	$x**y$

```
>>> a=10
>>> b=5
>>> print(a+b)
15
>>> print(a-b)
5
>>> print(a*b)
50
>>> print(a/b)
2.0
>>> print(a%b)
0
>>> print(a//b)
2
>>> print(a**b)
100000
```

2.3.2　关系(比较)运算符

Python 中常用的关系运算符如表 2.3 所示，Python 中关系运算符可以连用，其含义与人们日常的理解完全一致。使用关系运算符的最重要的一个前提是操作数之间必须可比较大小。例如，不能把一个字符串和一个数字进行大小比较。

表 2.3　关系运算符

运算符	含义	示例
>	大于：如果左操作数大于右操作数，则为 True	x>y
<	小于：如果左操作数小于右操作数，则为 True	x<y
==	等于：如果两个操作数相等，则为 True	x==y
!=	不等于：如果两个操作数不相等，则为 True	x !=y
>=	大于等于：如果左操作数大于或等于右操作数，则为 True	x>=y
<=	小于等于：如果左操作数小于或等于右操作数，则为 True	x<=y

```
>>> a,b=10,5
>>> a==b
False
>>> a!=b
True
>>> a>b
True
>>> a<b
False
```

2.3.3　赋值运算符

Python 中常用的赋值运算符如表 2.4 所示。

表 2.4　赋值运算符

运算符	示例	等价于
=	x=10	x=10
+=	x+=10	x=x+10
–=	x–=10	x=x–10
*=	x*=10	x=x*10
/=	x/=10	x=x/10
%=	x%=10	x=x%10
//=	x//=10	x=x//10
**=	x**=10	x=x**10
&=	x&=10	x=x&10
|=	x|=10	x=x|10
^=	x^=10	x=x^10
>>=	x>>=10	x=x>>10
<<=	x<<=10	x=x<<10

```
>>> a=10
>>> b=20
>>> c=0
>>> c=a+b
>>> print(c)
30
>>> c+=10
>>> print(c)
40
>>> c-=a
>>> print(c)
30
>>> c*=a
>>> print(c)
300
>>> c/=a
>>> print(c)
30.0
>>> c%=a
>>> print(c)
0.0
>>> c=a**5
>>> print(c)
100000
>>> c//=b
>>> print(c)
5000
```

2.3.4 逻辑运算符

Python 中常用的逻辑运算符如表 2.5 所示，逻辑运算符 and、or、not 常用来连接条件表达式，以构成更加复杂的条件表达式。

表 2.5 逻辑运算符

运算符	含义	示例
and	*x* and *y*	逻辑与：如果 *x* 为 False，返回 False；否则返回 *y* 的计算值
or	*x* or *y*	逻辑或：如果 *x* 是非 0，返回 *x* 的值；否则返回 *y* 的计算值
not	not *x*	逻辑非：如果 *x* 为 False，返回 True；如果 *x* 为 True，返回 False

```
>>> a=10
>>> b=15
>>> a and b
15
>>> b and a
10
>>> a or b
10
```

```
>>> b or a
15
>>> not a
False
>>> not -1
False
>>> not 0
True
```

2.3.5　成员运算符

除了以上的一些运算符之外，Python 还支持成员运算符，如表 2.6 所示。

表 2.6　成员运算符

运算符	含义	示例
in	如果在指定序列中找到值/变量，返回 True；否则返回 False	5 in *x*
not in	如果在指定序列中没有找到值/变量，返回 True；否则返回 False	5 not in *x*

```
>>> list=[4,5,6]
>>> print(5 in list)
True
>>> print(5 not in list)
False
```

2.3.6　身份运算符

身份运算符是用于比较两个对象的存储单元，如表 2.7 所示。

表 2.7　身份运算符

运算符	含义	示例
is	is 是判断两个标识符是不是引用自同一个对象	*x* is *y*
is not	is not 是判断两个标识符是不是引用自不同对象	*x* is not *y*

```
>>> a=10
>>> b=10
>>> a is b
True
>>> a is not b
False
```

2.4　程序控制语句

在 Python 中仅有变量和表达式是不够的，还要依赖于不同的控制语句，在 Python 语言下，也包含顺序、选择和循环三种程序控制语句。其中，判断语句、循环语句等可以更改语句执行的顺序，使程序逻辑更加清晰。

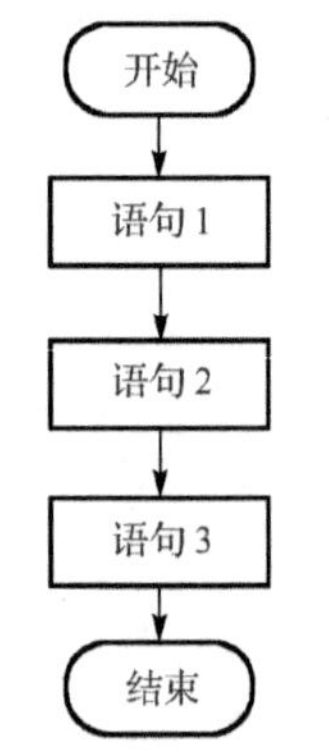

图 2.2　顺序结构流程图

2.4.1　顺序控制语句

顺序控制语句是程序中最简单的流程控制语句，按照代码执行的先后顺序依次执行，如图 2.2 所示。

2.4.2　选择程序控制语句

选择结构也被称为分支结构。选择结构有特定的语法规则，代码要执行具体的逻辑运算进行判断，逻辑运算的结果有两个，所以产生选择，按照不同的选择执行不同的代码。Python 中选择结构语句主要使用 if...elif...else 语句。

1) 简单的 if 语句

最简单的 if 语句只有一个测试和一个操作。

【例 2-1】使用 if 语句判断某个学生能否入学。

输入：

```
age=8
if age>=6:
    print("you can go to school.")
```

输出：

```
you can go to school.
```

if 检查变量 age 的值是否大于或等于 6，答案是肯定的，因此，Python 执行下面的 print 语句。如果 age 的值小于 6，这里将不会有任何输出。

2) if...else 语句

在编写程序时，经常需要在条件测试通过时执行一个操作，在没有通过条件测试时执行另一个操作；在这种情况下，可使用 Python 提供的 if...else 语句。if...else 语句块类似于简单的 if 语句，但其中的 else 语句让用户能够指定条件测试未通过时要执行的操作。下面的代码在一个学生够上小学的年龄时显示与前面相同的信息，同时在这个学生不够上小学的年龄时也显示一条信息。

【例 2-2】使用 if...else 语句判断某个学生能否入学。

输入：

```
age=4
if age>=6:
   print("you can go to primary school." )
else:
   print("you can't go to school.")
```

输出：

```
you can't go to school.
```

if 检查变量 age 的值小于 6，因此，执行 else 下面的 print 语句。

注意：一定要在 if、elif、else 指令的最后以冒号“:”结尾；另外，要执行的操作需要缩排一层，在同一层缩排中可以设置的语句数量没有限制。

3) if…elif…else 语句

在编写程序时，经常需要检查超过两种判断情况的情形，为此可使用 Python 提供的 if…elif…else 结构。Python 依次检查 if…elif…else 中的测试，直到遇到符合条件的测试。测试通过后，Python 将执行紧跟它后面的代码，并跳过余下的测试。

【例 2-3】一个根据年龄段收费的自助餐馆，收费标准如下：4 岁以下免费；4～18 岁收费 30 元；18 岁以上收费 80 元。给定一个年龄，判断输出的相应费用。

输入：

```
age=25
if  age<4:
    price=0
elif  age<18:
    price=30
else:
    price=80
print("Your meal costs "+str(price)+" 元")
```

输出：

```
Your meal costs 80 元
```

第一个 if 测试检查一个人是否不满 4 岁，满足条件则给 price 赋一个值，并跳过余下的测试。后面的 elif 是另一个 if 测试，它仅在前面的测试未通过时才会运行。最后的 else 是在前面的条件都没有满足时才会被执行。在这里 25 大于 18，因此 price=80。

4) if…elif…else 语句的嵌套

编写 Python 程序代码时，可根据需要使用任意数量的 elif 代码块。

【例 2-4】假设上述自助餐馆要给老年人打折，可再添加一个条件测试，判断顾客是否符合打折条件。假设 60 岁以上(包含 60 岁)的老人，可以享受半价就餐优惠，70 岁以上(包含 70 岁)的老人，免费就餐。给定一个年龄，判断输出的相应费用。

输入：

```
age=72
if age<4:
    price=0
elif age<18:
    price=30
elif age<60:
     price=80
elif age>=70:
    price=0
else:
    price=40
print("Your meal costs "+str(price)+" 元")
```

输出：

```
Your meal costs 0 元
```

5) 省略 else 代码块

Python 并不要求 if...elif 结构后面必须跟着 else 代码块。在有些情况下，else 代码块很有用，而在其他的情况下，使用一条 elif 语句来处理特定的情形更清晰。

【例 2-5】 省略 else，修改例 2-4。

输入：

```
age=72
if age<4:
    price=0
elif age<18:
    price=30
elif age<60:
   price=80
elif age<70:
    price=40
elif age>=70:
   price=0
print("Your meal costs "+str(price)+" 元")
```

输出：

```
Your meal costs 0 元
```

2.4.3　循环控制语句

循环在 Python 学习中起到非常重要的作用，它是让计算机自动完成重复工作的常见方式之一。Python 中的循环主要通过 for 循环和 while 循环两种形式实现。而 while 循环不断地进行，直到指定的条件不满足为止。

1) for 循环

for 循环一般用于针对集合中的每个元素进行判断并执行，例如：

```
>>> list=["Alice","David","Lina"]
>>> for person in list:
        print(person)
```

输出：

```
Alice
David
Lina
```

在循环中，Python 首先读取代码中的“for person in list:”，这行代码让 Python 获取列表中的第一个值 Alice，并将其存储到变量 person 中。接下来，Python 读取下一行代码“print(person)”，让 Python 打印输出 person 的值 Alice。由于该列表还包含其他值，Python

返回到循环的第一行："for person in list:"，Python 获取列表中的下一个名字 David，并将其存储到变量 person 中，再执行下面的 print 语句"print(person)"，Python 再次打印变量 person 的值——当前为 David。接下来，Python 再次执行整个循环，对列表中的最后一个值 Lina 进行处理。至此，语句执行结束。

注意：第一次执行循环时，对要循环的每个元素都将执行循环指定的步骤。另外，在编写 for 循环时，对于存储列表中每个值的临时变量，可指定任何名称。

2) while 循环

while 循环结构的完整语法形式为：

```
while 条件表达式:
    循环体
[else:
    else 子句代码块]
```

其中，方括号内的 else 子句可以出现，也可以不出现。例如：

```
num=1
while num<=5:
    print(num)
    num+=1
```

在第一行，我们将 num 设置为 1，从而指定从 1 开始计数。接下来 while 循环被设置成：只要 num 小于等于 5，就接着运行这个循环。循环中的代码打印 num 的值，再使用代码 num+=1 将其不断加 1。只要满足条件 num<=5，Python 就接着运行这个循环。由于 1 小于 5，因此 Python 打印 1，并将 num 加 1，使其为 2；由于 2 小于 5，因此 Python 打印 2，并将 num 加 1，使其为 3，以此类推。一旦 num 大于 5，循环将会停止，整个程序也将到此结束。

3) break 与 continue

break 与 continue 的功能与在其他程序设计语言中的功能类似，break 是结束整个循环体，continue 是结束单次循环。

```
num=0
while num<5:
    num+=1
    if(num==3):
        break
    print(num)
1
2
```

这里输出的结果是 1 2，因为当 num 的值等于 3 的时候，就跳出整个循环，Python 代码执行结束。

```
num=0
while num<5:
    num+=1
```

```
    if(num==3):
        continue
    print(num)
1
2
4
5
```

这里输出的结果是 1 2 4 5，3 没有输出，因为当 num 等于 3 的时候，只是结束本次循环，然后再开始循环，直到不满足循环条件。

本章小结

(1) Python 中的常量就是指不能被改变的量。

(2) Python 中的运算符是有优先级的，但是可以通过括号来改变运算次序。

(3) Python 运算结果包含的小数位数可能是不确定的。

(4) Python 可以同时给多个变量赋值。

(5) Python 很多运算符具有多种不同的含义，作用于不同对象时的含义并不完全相同。

(6) Python 中 break 和 continue 的含义不同。

实　　验

人机对决：玩家随机输入数字 0、1、2 分别代表石头、剪刀、布，而电脑一方则是通过 random 包随机选出一个数字，编程实现采取三局两胜制度判断胜负，语句代码如下 (参考 IT 技术社区 https://blog.csdn.net/wp215501547/article/details/110498997)。

```
from random import randint      #导入一个随机包

Pe_win=0                        #玩家获胜次数
computer_win=0                  #电脑获胜次数
ping=0                          #平局次数
#上边三行代码的意思是先给变量赋一个初始值，否则系统不能辨别变量的类型
# index 代表编号(索引)、value 代表值(内容)、 enumerate 枚举，列举
for index, value in enumerate(range(3)):
pe_number=eval(input("Please input a number")  #0、1、2 分别代表石头、
                                               #剪刀、布
    computer_number=randint(0,2)#系统生成一个 0～2 的整数
    if pe_number-computer_number==-1 or pe_number-computer_number==2:
        print("第{}局玩家胜利".format(index+1))
pe_win+=1
    elif pe_number-computer_number==0:
        print("第{}局平局".format(index+1))
```

```
            ping+=1
        else:
            print("第{}局电脑胜利".format(index + 1))
            computer_win+=1
    if pe_win==2:
        #玩家赢了两次，玩家获胜
        print("玩家获胜")
        break
    elif computer_win==2:
        #电脑赢了两次，电脑获胜
        print("电脑获胜")
        break
    else:
        #玩家和电脑都没有赢到两次，分三种情况讨论，分别是平局一次、平局二次和平局三次
        #平局一次
        if ping==1 and pe_win-computer_win==0:
            print("平局")
        #平局三次
        elif ping==3:
            print("平局")
        #平局两次
        elif ping==2 and index==2:
            if pe_win>computer_win:
                print("玩家获胜")
            else:
                print("电脑获胜")
```

习　题　2

1．使用 Python 编程实现下列要求：从键盘输入旅客随身携带行李的重量，如果随身携带行李重量没有超过 5kg，则允许上飞机，否则不允许上飞机。

2．使用 Python 编程实现下列要求：小明身高 1.75m，体重 80.5kg。请根据 BMI 公式(体重除以身高的平方)帮小明计算他的 BMI 指数，并根据 BMI 指数输出如下提示：

低于 18.5：过轻

18.5～25：正常

25～28：过重

28～32：肥胖

高于 32：严重肥胖

3．猜数游戏，提前设定一个 80 以内的整数让用户去猜，根据用户的输入给出提示：比实际数大了或小了；如果用户猜对了，输出“恭喜你，猜对了”并退出游戏。

4．使用*打印一个倒三角形，要求倒三角形是等边三角形，并且行数由用户输入。

```
*********
 *******
  *****
   ***
    *
```

5．不使用切片操作，将一个字符串逆序输出。

6．使用随机数 random 生成三个整数，然后在控制台打印输出三个整数的最大值和最小值。

7．使用 while 循环，打印 8 个 1～100 的随机数，并在循环结束后，打印最大值。

8．打印输出 100 以内能被 7 和 2 整除的数。

第 3 章　Python 函数与模块

学习目标

掌握函数的定义和调用方法，理解函数中参数的作用，理解变量的作用范围；理解匿名函数 lambda 的基本用法；掌握模块与包的概念及用法；掌握 Python 内置模块的基本使用方法。

教学重点及难点

重点：Python 函数的定义和调用方法，函数中参数的作用，变量的作用范围，匿名函数 lambda 的基本用法。

难点：模块与包的概念及其用法，Python 内置模块的基本使用方法。

一个较大的程序，通常需要合理划分程序中的功能模块，功能模块在程序设计语言中称为函数。要写好函数，必须了解函数的组织形式，即函数如何定义；要用好函数，则必须把握函数的调用机制。

3.1　函数的定义与调用

将实现某一特定功能的相关语句按某种方式组织在一起，形成一个程序单位，此程序单位称为函数(function)，为程序单位所起的名称称作函数名。使用函数一般可以实现两个目的：①分解问题，降低编程难度；②实现代码重用。

在 Python 中，函数包括用户自定义函数、系统内置函数和 Python 标准库中的函数。其中，用户自定义函数是用户自己定义的函数，只有定义了这个函数，用户才能调用。系统内置函数是用户可直接使用的函数。Python 标准库中的函数要导入相应的标准库，才能使用其中的函数。

函数调用通过调用语句实现，调用语句所在的程序或函数称为调用程序或调用函数。在调用语句中，需要指定被调用函数的名字和调用该函数所需要的参数信息。调用语句的格式如下：

```
函数名(实参 1,实参 2,…)
```

通过调用语句执行被调用函数后，返回调用语句所在的程序，继续执行下一句程序命令。

3.1.1　函数的定义格式

函数的定义格式：

```
def 函数名([参数列表]):
    ['''文档字符串''']
    [函数体]
    return [返回值列表]
```

其中，函数名是任何有效的 Python 标识符，参数列表是用“,”分隔的参数，参数个数可以是 0 个或者多个，参数用于在调用函数时向函数传递值。<函数体>是函数被调用时执行的代码段，至少要有一条语句。

注意：关于形参和实参的定义。在函数的定义与调用中，形参指函数定义时(def 语句)，函数名称后面圆括号中的参数，形参只能是变量，在函数被调用时才分配给内存单元，调用结束时释放所分配的内存单元。实参则是指出现在调用函数语句中函数名称后面圆括号中的参数。实参可以是常量、变量、表达式，在实施函数调用时，实参必须有确定的值。

【例 3-1】 函数的定义和调用。

```
def say_hello():  #函数 say_hello 无参数
    print('hello world')

say_hello()  #调用函数
```

1)形参使用默认值

对于形参，可以使用定义时指定的值作为默认值。如果函数定义中存在带有默认值的参数，该参数及其所有后续参数都是可选的。

```
def add(x, y=0,z=1):
    s=x+y+z
    return s
ad=add(100)
```

上面的“y=0,z=1”存在默认值，调用时，可以不指定实参值，直接使用默认值。

注意：需要注意的是，如果只对 y 给默认值，而不给 z 默认值，将引发异常。

```
def add(x, y=0,z):
    s=x+y+z
    return s
ad=add(100,2,3)
print(ad)
```

当执行此语句块时，将会触发如下错误：

```
SyntaxError: non-default argument follows default argument
```

2)函数调用

函数调用的格式：

```
<函数名>(<参数表>)
```

其中，<函数名>是事先定义函数时定义的函数名。<参数表>此时应是实际参数表，即实参表，由多个实参组成，实参用“,”分隔，实参要有确定的值。实参的个数可以少于形参的个数，这是由于形参有默认值。

【例 3-2】求 Fibonacci 数列的前 n 项。

```
def fib(n):
    a,b=1,1
    item=1
    while item<=n:
        print(a, end=' ')
        a, b=b, a+b
        item+=1
print(fib(20))
```

【例 3-3】定义没有参数的函数。

```
def hello():
    print("python")
for i in range(3):
    hello()  #函数调用
```

3) 函数调用时要做的工作与步骤

(1) 保存现场。如果是以函数语句形式调用，调用语句的下一条语句就是现场；如果是以函数表达式或函数参数的形式调用，因为函数调用返回时的下一步工作是让返回值参与表达式的计算，就把这一步的工作当成现场。

(2) 将实参传递给形参。

(3) 程序的执行转向函数。

(4) 函数执行完后，恢复现场，返回至调用函数的程序中继续执行。

4) 函数的返回值

函数定义时，函数的形参是函数的输入参数，函数的返回值是函数的输出参数。<函数体>内的 return 语句是向主调程序(函数)传递返回值的语句，其格式是：

```
return <表达式 1>[,<表达式 2>[,...[,<表达式 n>]]]
```

【例 3-4】定义函数计算最大值。

```
def max_value(x, y):
    if x>y:
        return x
    elif x==y:
        return 'The nums are equal'
    else:
        return y

a=float(input('请输入第一个数值：'))
b=float(input('请输入第一个数值：'))
print('输入的最大值是：', max_value(a, b))
```

注意：可以向主调程序传递多个返回值，这要求主调程序有多个变量接收返回的多个值。函数若没有返回值，就不必使用 return 语句，或使用“return None”。

5) 匿名函数

对于只有一条表达式语句的函数，可以使用关键字 lambda 定义为匿名函数(anonymous function)，使程序简洁，提高可读性。匿名函数定义形式如下：

```
lambda [参数列表]: 表达式
```

匿名函数没有函数名，参数可有可无，有参的匿名函数参数个数任意。但是作为函数体的表达式限定为只能包含一条表达式语句，因此只能表达有限的逻辑。这条表达式执行的结果作为函数的值返回。

【例 3-5】匿名函数使用方法举例。

```
m=lambda : "china".upper()        #定义无参匿名函数，将字母改成大写
n=lambda x : x * 5                #定义有参匿名函数，将数字扩大 5 倍
print(m())                        #调用无参匿名函数，注意要加一对()
print(n(7.5))                     #调用有参匿名函数，传入参数
```

【例 3-6】把匿名函数作为参数传递的使用方法举例。

```
elems=[(2,8),(4,9),(12,3)]
elems.sort(key=lambda point: point[1])#调用函数 sort 按元素第二列进行升序排序
print(elems)
```

运行后输出：

```
[(12, 3), (2, 8), (4, 9)]
```

6) 参数传递方式

参数传递方式一般指实参向形参传递参数的方式，Python 语言只有一种参数传递方式，即值复制。这种传值方式是让形参直接拷贝实参的值。从理论上讲，如果实参是一个变量，形参变量的变化不会影响实参变量。如果传递的对象是可变对象，在函数中又修改了可变对象，这些修改将反映到原始对象中，可以理解为形参拷贝了实参在内存中的引用。

【例 3-7】参数传递方式示例 1。

```
def change(a,b):
    a,b=b,a
a,b=5,17
change(a,b)
print(a,b)
```

程序运行的结果：

```
3,5
```

【例 3-8】参数传递方式示例 2。

```
def change(list):
    list[0],list[1]=list[1],list[0]
```

```
    return list
list_a=[5,17]
list_a=change(list_a)
print(list_a)
```

程序运行的结果：

```
17,5
```

7) 变量作用域

变量作用域就是变量的使用范围。当程序调用一个函数时，会为被调用函数建立一个局部命名空间，该命名空间代表一个局部环境，其中，包含函数的形参和函数体内赋值的变量名称。对于一个变量或形参，解释器将从这个局部命名空间、全局命名空间、内置命名空间进行依次查找，直到找到确定属于哪个层次，如果找不到，将触发 NameError 异常。

【例 3-9】 变量作用域示例。

```
def fun(discount):
    price=300              #在函数体中定义同名局部变量
    price=price * discount
    print("The discounted price:",price)

fun(0.7)
price=100                  #在主程序中定义全局变量
print("The normal price:",price)
```

程序运行的结果：

```
The discounted price: 210.0
The normal price: 100
```

注意：关于变量的作用域需要注意如下事项，全局变量的作用域是整个程序，在整个程序范围内可引用。局部变量一般定义在函数内，其作用域在函数内，这种变量在函数内可以引用，程序的执行一旦离开相应的函数，变量失效，不可引用。关于不同层次的局部变量，如果有函数嵌套定义，内层中定义的变量、形参的作用域只能在内层使用，不能在外层使用，而外层定义的变量可在内层使用。

8) global 语句的应用

将某层嵌套定义函数的同名变量升级为全局变量，可使用 global 语句。global 语句只是一个声明语句。这个升级的同名变量与外面程序中定义的同名全局变量是同一个变量，但这个升级的同名变量所在函数层的上层函数或下层函数中的同名变量的作用域不变。

【例 3-10】 使用 global 声明全局变量。

```
def fun(discount):
    global price           #global 语句用来声明 price 为全局变量
    price=price * discount
    print("The discounted price:",price)
price=100
```

```
fun(0.7)
print("The normal price:",price)
```

运行结果：

```
The discounted price: 70.0
The normal price: 70.0
```

【例 3-11】关于参数的默认值。

```
def tell(name="Alice",time=4):
     i=0
     while i<=time:
         print(name, end=' ')
         i+=1
     print('\n')

tell()
tell("hi")
tell(5)
tell("hi",5)
```

运行后输出：

```
Alice Alice Alice Alice Alice
hi hi hi hi hi
5 5 5 5 5
hi hi hi hi hi hi
```

【例 3-12】输出两名学生的课程成绩单及各自的平均成绩。

```
def grade(name,num,*scores):
    print(name)
    print("{}门课程成绩为：".format(num))
    aver=0
    for value in scores:
        print(value,end=' ')
        aver=aver +value
    aver=aver / num
    print("平均成绩为{:.2f}".format(aver))
#函数调用
grade("Tom",4,95,78,69,89)
grade("Lily",4,90,96,80,81)
```

运行后输出：

```
Tom
4 门课程成绩为：
95 78 69 89 平均成绩为 82.75
Lily
4 门课程成绩为：
90 96 80 81 平均成绩为 86.75
```

3.1.2 嵌套调用与递归调用

1) 函数的嵌套调用

一个被调用函数的函数体中出现函数调用语句(调用其他函数或函数自身)，这种调用现象称为函数的嵌套调用。

【例 3-13】 使用 Python 编程求：

$$C_m^n = \frac{m!}{n!(m-n)!}$$

```
m=eval(input("Input m: "))
n=eval(input("Input n: "))
def elem(k):
a=b=1
    while a<=k:
b=b*a
        i=i+1
    return b
def comb(n, m):
r=elem(m)//(elem(n)*elem(m-n))
    return r
print(comb(n, m))
```

程序调用函数 comb()在执行过程中又调用了函数 elem()，elem()的调用被嵌套在函数 comb()的调用中。

运行后输出：

```
Input m: 4
Input n: 2
6
```

2) 函数的递归(recursive)调用

调用一个函数的过程中又出现直接或间接地调用该函数本身，这称为函数的递归调用，当达到某种条件时应该使递归调用终止，通常这种条件称作递归终止条件。通过使用函数递归调用，可以使某些看起来不易解决的问题变得容易描述和解决，使一个蕴含递归关系且结构复杂的程序变得简洁精练，增强程序可读性。

【例 3-14】 编写递归调用函数计算 n!的值。

分析：n!本身就是以递归形式定义的，求 n!，应先求(n–1)!；求(n–1)!，又需要先求(n–2)!；求(n–2)!，又可以变成求(n–3)!，…，如此递推，直到最后变成求 1!的问题。而根据公式有 1!=1，这是本问题的递归终止条件。由终止条件得到 1!结果后，再反过来依次求出 2!，3!，…，直到最后求出 n!。

设求 n!的函数为 elem(n)，函数体内求 n!，只要 n>1，可用 n*elem(n–1)表示，即 elem(n)函数体内将递归调用 elem()自身；一旦参数 n 为 1，则终止调用函数自身并给出函数值 1。

```
def elem(n):
    if n==1:
        return 1
```

```
    else:
        return n*elem(n-1)
x=eval(input("please input a value:"))
y=elem(x)            #主程序调用 fac()函数
print(y)
```

运行后输出：

```
please input a value:6
720
```

3.2　模块及其应用

1) 模块的定义及引用

Python 模块(module)是一个 Python 文件，以.py 结尾，包含了 Python 对象定义和 Python 语句。使用模块，可以有逻辑地组织 Python 代码段。把相关的代码分配到一个模块里能让代码更好用、更易懂。模块能定义函数、类和变量，模块里也能包含可执行的代码。模块可以被项目中的其他模块、一些脚本所使用，也可以被其他程序引用，从而使用模块中所包含的函数等代码语句。

下面是个简单的模块 talk.py：

```
def print_talk(name):
    print("Hello: ", name)
    return
```

2) 模块的分类

Python 模块可以分为以下几类。

(1) 系统内置模块，如 sys、time、json 模块等。

(2) 自定义模块，它是用户自己编写的模块，对某段逻辑或某些函数进行封装后供其他函数调用。

注意：自定义模块命名时一定不能和系统内置的模块重名，否则将不能再导入系统的内置模块。例如，自定义了一个 sys.py 模块后，系统的 sys 模块是不能再使用的。

(3) 第三方开源模块：这部分模块可以通过 pip install 进行安装，有开源的代码。

3) 使用模块

导入系统内置 sys 模块的方式如表 3.1 所示。

表 3.1　导入系统内置 sys 模块的方式

	方式一	方式二
模块引用的方法	import 模块名	from 模块名 import 函数名　或者　from 模块名 import*
引用示例	Import sys	From sys import winver　或者　from sys import*
函数调用	模块名.函数名	函数名
函数调用示例	sys.winver	winver

关于如何导入一个自定义模块，首先，需要用户定义一个模块，并为模块取名。代码如下。

【例 3-15】 使用 import 语句编写自定义模块调用程序。

```
def print_myself(str):
    print(str)
    print("Hi, how are you.")
    return
```

这个模块里定义了函数 print_myself()，打印输入的参数，然后再打印输出自定义文字，将其保存为 myprint.py 文件。调用此自定义模块的程序如下(把如下程序命名为 hello.py 保存)：

```
import myprint
myprint.print_myself("hello world")
```

运行后输出：

```
hello world
Hi, how are you.
```

注意：使用 import 语句导入模块时，使用模块的名字.函数名称(参数)调用模块中的方法。

【例 3-16】 使用 from…import 语句编写自定义模块调用的程序。

```
def print_your(str):
  print(str)
  print("Happy every day!")
return

def print_other(str_m):
  print("other print is:", str_m)
```

这个模块定义了两个函数 print_your()和 print_other()，将其保存为 allprint.py 文件。使用 from...import 导入模块 allprint，只调用其第一个函数 print_your()，语句如下(把如下程序命名为 sunshine.py 保存)：

```
from allprint import print_your
print_your("The sun shines all over the world")
```

运行后输出：

```
The sun shines all over the world
Happy every day!
```

注意：当引入一个模块使用 import 关键词时，它将把这个模块整个引入进来，而 from...import 则是引入一个指定部分到当前的命名空间中。import 引入模块后，如果需要使用模块里的函数方法，则需要加上模块的限定名字；from...import 则不用加模块的限定名字，直接使用其函数方法。

4) 模块的__name__

当一个模块第一次运行时，这个模块的主块将被运行。假如我们只想在程序本身被使用的时候运行主块，被别的模块输入的时候不运行主块，可以通过模块的__name__属性完成。__name__用于判断当前模块是否是程序的入口，如果当前程序正在被使用，__name__的值为"___main___"。

```
if __name__=='__main__':
   print(This program is being run by itself')
else:
   print('I am being imported from another module')
#output
This program is being run by itself
$ python
>>> import using_name
I am being imported from another module
```

每个 Python 模块都有它的__name__，如果它是"__main__"，说明这个模块被用户单独运行，可以进行相应的操作。

注意：在 Python 中的特殊方法，一般都是使用诸如__xxx__（前后两个下划线，中间是方法名）的命名方式，对 Python 系统来说，这将确保不会与用户自定义的名称冲突。像上面刚刚讲述到的__name__、__main__都是特殊方法。

3.3　包

包是 Python 引入的一种分层次文件目录结构，是由模块及子包和子包下的子包等组成的 Python 应用环境。引入包以后，只要顶层包名不与其他包名冲突，那么所有模块都不会与其他模块冲突。每一个 Python 的包目录下面都会有一个名为__init__.py 的特殊文件，该文件可以为空文件，但是必须存在，它表明这个目录不是普通的目录结构，而是一个包，里面包含模块。Python 的程序由包(package)、模块和函数组成。包、模块、函数之间的关系如图 3.1 所示。

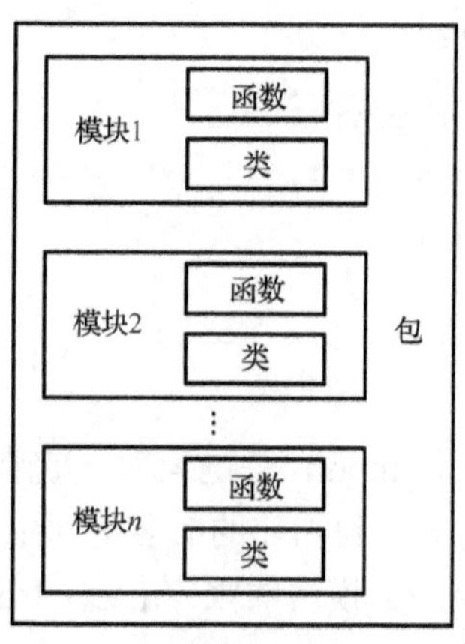

图 3.1　包、模块和函数之间的关系

模块是处理一类问题的集合，由函数和类组成。包是由一系列模块组成的集合，是一个完成特定任务的工具箱。Python 提供了许多有用的工具包，如字符串处理、图形用户接口、Web 应用、图像处理等。包是为了程序重用，把实现一些特定功能的代码组合到一个包中，调用包提供的功能从而实现重用。使用自带的工具包，可以提高程序开发效率、减少编程复杂度。

本章小结

函数是指可重复使用的程序段，这个程序段通常实现特定的功能。在程序中可以通过对函数的调用提高代码的复用率，从而提高编程效率及程序的可读性。

除了函数，Python 还可以利用模块实现代码重用，所谓模块就是一个包含了一系列函数的 Python 程序文件，同时，我们将一系列的模块文件放在同一个文件夹中，从而构成了包，包是可以对模块进行层次化管理的有效工具，大大提高了代码的可维护性和重用性。

Python 中的模块化有如下优点：提高了代码的可维护性；一个模块编写完毕之后，其他模块直接调用，不用再从零开始重写代码，节约了工作时间；避免函数名称和变量名称重复，在不同的模块中可以存在相同名字的函数名和变量名，但是，一定要记住，不要和系统内置模块名称重复。

实　　验

1．验证哥德巴赫猜想：一个不小于 7 的偶数可以表示为两个素数之和。

```
def Sub(n):
    fg=True
    for i in range(2,n-1):
        if n%i==0:
            fg=False
            break
    if fg==True:
        return True
n=input("请输入一个不小于 7 的偶数：")
for i in range(2,n):
    for j in range(2,i):
        if i+j==n and Sub(i) and Sub(j):
            print(n,"=",i,"+",j)
```

2．实现求两数中较小数的函数。

```
def min(a,b):
    if a<b:
        return a
    else:
        return b
```

```
x=input("请输入一个数：")
y=input("请再输入一个数：")
print("最小的数是：",min(x,y))
```

习　题　3

1．编写函数，将华氏温度转换为摄氏温度，公式为 C=(F−32)*5/9。

2．编写函数，求满足下列条件的最大的 n 值：

$$1^2+2^2+3^2+4^2+\cdots+n^2<1000$$

3．编写函数实现统计字符串中单词的个数并返回。

4．编写一个判断字符串是否是回文的函数，回文就是一个字符串从左到右和从右到左读是相同的。例如，“level”、“aaabbaaa”和“ABA”都是回文。

第 4 章　Python 特征数据类型及其操作

学习目标

掌握序列的概念，掌握列表、元组、集合和字典的基本特征；掌握列表、元组、集合和字典的应用。

教学重点及难点

重点：列表和字典的定义。
难点：列表、元组、集合和字典的应用。

序列是一系列连续值，它们通常是相关的，并且按一定顺序排列。在 Python 中，常见的序列类型有列表、元组、字典、集合与字符串。除字典和集合之外，列表、元组、字符串等序列均支持双向索引，第一个元素下标为 0，第二个元素下标为 1，以此类推；最后一个元素下标为–1，倒数第二个元素下标为–2，以此类推。

4.1　列　　表

4.1.1　列表的定义

列表是 Python 中的内置可变序列，是一个元素的有序集合；列表中的每一个数据称为元素，列表的所有元素放在一对中括号[ ]中，并使用逗号分隔开；当列表元素增加或删除时，列表对象自动进行扩展或收缩内存。在 Python 中，一个列表中的数据类型可以各不相同，可以分别为整数、实数、字符串等基本类型，甚至是列表、元素、字典、集合以及其他自定义类型的对象。例如：

```
[5, 13, 80, 90]
['sunday', 'monday', 'friday']
['flower', 3.9, 5, [13, 90]]
```

4.1.2　列表的创建

1) 直接赋值
使用“=”直接将一个列表赋值给变量，即可创建列表对象。

```
>>> a_list=['Tom', 'Jack', 'school', 'home', 'palying']
>>> a_list=[]   #创建空列表
```

2) 使用内置函数 list() 创建列表

```
>>> a_list=list((5,13,80,90,11) )   #(5,13,80,90,11)是一个元组
>>> a_list
[5,13,80,90,11]
>>> list( range(1,15,2) )              #range(1,15,2) 是一个 range 对象
[1, 3, 5, 7, 9, 11, 13]
>>>list('hello spring')                #'hello spring'是一个字符串
['h', 'e', 'l', 'l', 'o', ' ', 's', 'p', 'r', 'i', 'n', 'g']
```

4.1.3 访问列表元素

1)使用下标直接访问列表元素

```
>>>list _1=[22, 12, 5, 6, 7, 9, 11, 13, 15, 17]
>>>list_1[4]
7
>>>list _1[4]=5.5
>>>list _1
[22, 12, 5, 6, 5.5, 9, 11, 13, 15, 17]
```

如果指定下标不存在，则抛出异常：

```
>>>list _1[18]
Traceback(most recent call last):
  File "<pyshell#34>", line 1, in<module>
list _1[18]
IndexError: list index out of range
```

【例 4-1】月份转换。

```
month_name=['January','February','March','April',\
'May','June','July','August',\
'September','October','November','December']
num=eval(input("请输入月份数对应的阿拉伯数字："))
print('The month is',month_name[num-1])
```

输出结果为：

```
请输入月份数对应的阿拉伯数字：2
The month is February
```

2)对列表进行遍历循环输出

列表的长度使用 len()求出，列表的长度就是此列表所包含元素的个数。例如：

```
>>>len([2,1,5,9,10])
   5
>>>len([ ])
   0
```

【例 4-2】访问列表中各元素的两种方法。

方法 1：

```
list_1=[1,3,45,23,45,21]
```

```
for item in list_1:
    print(item)
```

方法 2：

```
list_1=[1,3,45,23,45,21]
length_1=len(list_1)
for i in range(length_1):     #使用列表的下标访问列表的元素
    print(list_1[i])
```

3）列表是可变的对象

```
>>> a=[4,5,6]
>>> b=[4,5,6]
>>> a==b
True
>>> id(a)
2686252432712
>>> id(b)
2686252430280
>>> id(a)==id(b)
False
>>> id(a[0])==id(b[0])
True
>>> a[1]=6
>>> a
[4, 6, 6]
```

需要注意的是 id( ) 函数用于获取对象的内存地址。

4.1.4　列表方法

在列表中常用的方法如表 4.1 所示。

表 4.1　列表中常用的方法

方　法	说　明
list.append(*x*)	将元素 *x* 添加至列表的尾部
list.extend(*L*)	将列表 *L* 中所有元素添加至列表尾部
list.insert(index,*x*)	在列表指定位置 index 处添加元素 *x*
list.remove(*x*)	在列表中删除首次出现的指定元素
list.pop([index])	删除并返回列表对象指定位置的元素
list.clear()	清空列表中所有对象
list.index(*x*)	返回值为 *x* 的首个元素的下标
list.count(*x*)	返回指定值 *x* 在列表中出现的次数
list.reverse( )	对列表元素进行原地逆序
list.sort( )	对列表元素进行原地排序(升序、降序)
list.copy( )	返回列表对象的浅复制

下边详细介绍常用的列表方法。

(1) 列表对象的 append() 方法，原地修改列表，在列表尾部添加元素，速度较快，是推荐使用的方法。

```
>>> aList=[1,2,3,5]
>>> aList.append(7)
>>> aList
[1, 2, 3, 5, 7]
>>> aList.append(1)
>>> aList
[1, 2, 3, 5, 7, 1]
```

append() 方法不会新建列表，如：

```
>>> aList=[1,2,3,5]
>>> id(aList)
2237200940360
>>> aList.append(7)
>>> id(aList)
2237200940360
```

(2) 列表对象的 extend(*L*) 方法，将列表 *L* 中所有元素添加至列表尾部。列表对象的 extend() 方法可以将另一个迭代对象的所有元素添加至该列表对象尾部。通过 extend() 方法来增加列表元素不改变其内存首地址，属于原地操作。

```
>>> aList=[5,2,4]
>>> aList.extend( [7,8,9] )
>>> aList
[5, 2, 4, 7, 8, 9]
>>> id(aList)
25289752
>>> aList.extend( [11,13] )
>>> aList
[5, 2, 4, 7, 8, 9, 11, 13]
>>> aList.extend((15,17) )
>>> aList
[5, 2, 4, 7, 8, 9, 11, 13, 15, 17]
>>> id(aList)
25289752
```

【例 4-3】构建包含 5 个元素的列表，每个元素的值从键盘输入。

```
list_2=[]
for i in range(5):
    s1='请输入第%d 个数：'%(i+1)
    a=eval(input(s1))
    list_2.append(a)
print(list_2)
```

输出：

```
请输入第 1 个数：12
请输入第 2 个数：56
请输入第 3 个数：90
请输入第 4 个数：67
请输入第 5 个数：789
[12, 56, 90, 67, 789]
```

(3) 列表对象的 reverse() 方法将列表元素按照原地逆序排列。

```
>>>list_1=[3, 14, 5, 16, 7, 9, 11, 3, 15, 17]
>>>list_1.reverse()    #将列表颠倒，不考虑元素值大小
>>>list_1
[17, 15, 3, 11, 9, 7, 16, 5, 14, 3]
```

(4) 列表对象的 insert() 方法将元素添加至列表的指定位置。insert() 是原地操作，insert() 方法会涉及插入位置之后所有元素的移动，这会影响处理速度，应尽量避免在列表中间位置插入元素。

```
>>> a=[1,12,34,45,26]
>>> id(a)
2237199689864
>>> a.insert(3,6)
>>> a
[1, 12, 34, 6, 45, 26]
>>> id(a)
2237199689864
```

(5) 列表对象的 remove() 方法原地删除首次出现的指定值元素，如果列表中不存在要删除的元素，则抛出异常。

```
>>>list_1=[3,5,7,9,7,11]
>>>list_1.remove(7)
>>>list_1
[3, 5, 9, 7, 11]
```

【例 4-4】 删除列表中所有具有某指定值的元素。

```
list_2=[2,4,6,8,4,1,4,2,4,10]
for item in list_2:
    print(item,list_2)
    if item==4:
        list_2.remove(4)
print(list_2)
```

运行结果如下：

```
2 [2, 4, 6, 8, 4, 1, 4, 2, 4, 10]
4 [2, 4, 6, 8, 4, 1, 4, 2, 4, 10]
8 [2, 6, 8, 4, 1, 4, 2, 4, 10]
4 [2, 6, 8, 4, 1, 4, 2, 4, 10]
4 [2, 6, 8, 1, 4, 2, 4, 10]
```

```
4 [2, 6, 8, 1, 2, 4, 10]
[2, 6, 8, 1, 2, 10]
```

(6) 列表对象的 count() 方法统计指定元素在列表对象中出现的次数，返回 0 表示不存在。

```
>>>list_1=[3, 4, 5, 5.5, 7, 9, 11, 13, 15, 17]
>>>list_1.count(7)
1
>>>list_1.count(0)
0
```

【例 4-5】 使用 count() 方法删除列表中所有具有某指定值的元素。

```
x=[2,4,6,8,4,1,4,2,4,10]
for i in range(len(x)):
    if x.count(4)>0:
        x.remove(4)
print(x)
```

运行结果如下：

```
[2, 6, 8, 1, 2, 10]
```

(7) 列表对象的 index() 方法获取指定元素首次出现的下标。

```
>>>list_1=[3, 4, 5, 5.5, 7, 9, 11, 13, 15, 17]
>>>list_1
[3, 4, 5, 5.5, 7, 9, 11, 13, 15, 17]
>>>list_1.index(7)        #元素值第一次为 7 时的下标
4
```

若列表对象中不存在指定元素，则抛出异常。

```
>>>list_1.index(100)
Traceback(most recent call last):
  File "<pyshell#36>", line 1, in<module>
list_1.index(100)
ValueError: 100 is not in list
```

(8) 使用乘法 (*) 来扩展列表对象，将列表与整数相乘，创建一个新列表。新列表是原列表中元素的重复。

```
>>>list_1=[3,5,7]
>>>list_2=list_1
>>> id(list_1)
57091464
>>> id(list_2)
57091464
>>>list_1=list_1 * 3
>>>list_1
[3, 5, 7, 3, 5, 7, 3, 5, 7]
>>>list_2
```

```
[3,5,7]
>>> id(list_1)
57092680
>>> id(list_2)
57091464
```

注意：当使用“*”运算符时，将列表 list_1 重复所指定的次数，并创建新列表，新列表并不创建 list_1 列表元素的复制，而是创建已有对象的引用。因此，对于两级列表，当修改其中一个值时，相应的引用也会被修改。

4.1.5　列表的切片操作

切片是 Python 序列的重要操作之一，适用于列表、元组、字符串、range 对象等类型。切片使用两个冒号分隔 3 个数字来完成，其一般表示形式为：

```
List[start : stop : step]
```

其中，第一个数字表示切片开始位置，默认值为 0；第二个数字表示切片截止(但不包含)位置，默认值为列表长度 len(*S*)；第三个数字表示切片的步长，默认值为 1；当步长省略时，可以顺便省略最后一个冒号。

可以使用切片来截取列表中的任何部分，创建一个新列表；可以通过切片操作为列表对象增加元素；可以通过切片来修改或删除列表中的部分元素。与使用下标访问列表元素的方法不同，切片操作不会因为下标越界而抛出异常，而是简单地在列表尾部截断或者返回一个空列表，代码具有更强的健壮性。

```
>>>list_1=[3, 4, 5, 6, 7, 9, 11, 13, 15, 17]
>>>list_1[ : : ]                        #等同于 aList[0:10:1]
[3, 4, 5, 6, 7, 9, 11, 13, 15, 17]
>>>list_1[ : : -1]                      #等同于 aList[0:10:-1]
[17, 15, 13, 11, 9, 7, 6, 5, 4, 3]
>>>list_1[ : : 2]
[3, 5, 7, 11, 15]
>>>list_1[1 : : 2]
>>>list_1[3 : :]
[6, 7, 9, 11, 13, 15, 17]
>>>list_1[3 : 6]
[6, 7, 9]
>>>list_1[3 : 6: 1]
[6, 7, 9]
>>>list_1[0 : 100: 1]
[3, 4, 5, 6, 7, 9, 11, 13, 15, 17]
>>>list_1[100 :]
[]
```

使用 del 与切片结合来删除列表元素：

```
>>>list_1=[3,5,7,9,11]
>>> del list_1[ : 3]
```

```
>>>list_1
[9, 11]
```

4.1.6　列表排序

(1)列表对象的 sort()方法进行原地排序，支持多种不同的排序方法。

```
>>>list_1=[3, 4, 5, 6, 7, 9, 11, 13, 15, 17]
>>> import random
>>> random.shuffle(list_1)              #随机排列
>>>list_1
[3, 4, 15, 11, 9, 17, 13, 6, 7, 5]
>>>list_1.sort()                        #默认是升序排列
[3, 4, 5, 6, 7, 9, 11, 13, 15, 17]
>>>list_1.sort(reverse=True)            #降序排列
>>>list_1
[17, 15, 13, 11, 9, 7, 6, 5, 4, 3]
```

内置函数 sorted()对列表进行排序并返回新列表。

```
>>>list_1=[9, 7, 6, 5, 4, 3, 17, 15, 13, 11]
>>> sorted(list_1)                      #升序
[3, 4, 5, 6, 7, 9, 11, 13, 15, 17]
>>> sorted(list_1, reverse=True )       #降序
[17, 15, 13, 11, 9, 7, 6, 5, 4, 3]
```

(2)内置函数 reversed()对列表元素进行逆转排列并返回新迭代对象。

```
>>>list_1=[3, 4, 5, 6, 7, 9, 11, 13, 15, 17]
>>> newList=reversed(list_1)            #返回一个迭代对象
>>> newList
<listreverseiterator object at 0x0000000003624198>
>>> list(newList)                       #根据迭代对象创建列表
[17, 15, 13, 11, 9, 7, 6, 5, 4, 3]
```

4.1.7　用于序列操作的常用内置函数

(1)len(列表)。返回列表中的元素个数，同样适用于元组、字典、字符串等。

(2)max(列表)、min(列表)。返回列表中的最大、最小元素。

(3)sum(列表)。对数值型列表的元素进行求和运算，对非数值型列表运算则出错。

(4)zip(列表 1,列表 2,…)。将多个列表对应位置元素组合为元组，并返回包含这些元组的 zip 对象。

```
>>>list_1=[1, 2, 3]
>>>list_2=[4, 5, 6]
>>>list_3=[7, 8, 9]
>>> dList=zip(list_1, list_2, list_3)   #返回的并不是列表
>>> dList
<zip object at 0x0000000003728908>
```

```
>>> list(dLists)                        #使用函数 list()将返回值生成列表
[(1, 4, 7),(2, 5, 8),(3, 6, 9)]
```

(5) 常用内置函数 enumerate()。enumerate(列表)：枚举列表元素，返回枚举对象，其每个元素为包含下标和值的元组。该函数对元组、字符串同样有效。

```
>>>list_4=[(1, 4, 7),(2, 5, 8),(3, 6, 9)]
>>> for item in enumerate(list_4):
            print(item)
(0,(1, 4, 7))
(1,(2, 5, 8))
(2,(3, 6, 9))
```

(6) 列表推导式：一种创建列表的简洁方式。一个推导式由多层方括号组成，常用的列表推导式结构是：

```
>>>list_1=[ x*x for x in range(10)]
```

相当于：

```
>>>list_1=[]
>>> for x in range(10):
    list_1.append(x*x)
```

列表推导式使用非常简洁的方式来快速生成满足特定需求的列表，代码具有非常强的可读性。

4.2　元　　组

元组和列表类似，但属于不可变序列，元组一旦创建，用任何方法都不可以修改其元素。元组的定义方式和列表相同，但定义时所有元素是放在一对圆括号()中的，不是方括号中。

4.2.1　创建元组

(1) 使用“=”将一个元组赋值给变量。

```
>>>a_tuple=('big', )          #注意逗号 ,
>>> a_tuple
('big',)
>>>a_tuple=('a', 'b', 'sun', 'z', 'moon')
>>> a_tuple
('a', 'b', 'sun', 'z', 'moon')
>>> a=5,
>>> a
(5 , )
>>> x=()                      #空元组
>>> x
()
```

(2) 使用内置函数 tuple() 将其他序列转换为元组。

```
>>> print( tuple('abcdefg') )
('a', 'b', 'c', 'd', 'e', 'f', 'g')
>>> aList=[-1, -4, 6, 7.5, -2.3, 9, -11]
>>> tuple(aList)
(-1, -4, 6, 7.5, -2.3, 9, -11)
>>> s=tuple()             #空元组
>>> s
()
```

4.2.2 元组与列表的区别

元组中的数据一旦定义就不允许更改。元组没有 append( )、extend( ) 和 insert( ) 等方法，无法向元组中添加元素；元组没有 remove( ) 或 pop( ) 方法，也无法对元组元素进行 del 操作，不能从元组中删除元素。内置的 tuple( ) 函数接收一个列表参数，并返回一个包含同样元素的元组，而 list( ) 函数接收一个元组参数并返回一个列表。从效果上看，tuple( ) 冻结列表，而 list( ) 融化元组。

4.2.3 元组的优点

元组的速度比列表更快。如果定义了一系列常量值，而所需做的仅是对它进行遍历，那么一般使用元组而不用列表。元组对不需要改变的数据进行“写保护”，将使代码更加安全。

4.2.4 序列解包

可以使用序列解包功能对多个变量同时赋值。

```
>>> v_tuple=(False, 3.5, 'exp')
>>>(x, y, z)=v_tuple
>>> x, y, z=v_tuple                  #效果同上
>>>(a, b, c)=(False, 3.5, 'exp')
>>> [p, q, r]=(False, 3.5, 'exp')
>>> p, q, r=(False, 3.5, 'exp')      #效果同上
>>> p, q, r=[ 1, 2, 3]
>>> p, q, r=1, 2, 3                  #1, 2, 3 形成元组(1, 2, 3)
```

【例 4-6】 使用序列解包访问。

```
keys=['one', 'two', 'three', 'four']
values=[1, 2, 3, 4]
for k, v in zip(keys, values):
    print(k, v)  #zip()得到可迭代对象
```

输出结果：

```
one 1
two 2
three 3
four 4
```

4.3　字　　典

4.3.1　字典的基础知识

字典是键-值对的无序可变集合。定义字典时，每个元素的键和值用冒号分隔，元素之间用逗号分隔，所有的元素放在一对大括号 { } 中。字典中的每个元素包含两部分：键和值，向字典添加一个键的同时，必须为该键增添一个值。字典中的键可以为任意不可变数据，如整数、实数、复数、字符串、元组等。字典中的键不允许重复，globals()返回包含当前作用域内所有全局变量和值的字典，locals()返回包含当前作用域内所有局部变量和值的字典。

注意：一些元组可用作字典键(特别是包含字符串、数值和其他元组这样的不可变数据的元组)。列表永远不能当作字典键使用，因为列表不是不可变的。

4.3.2　创建字典

(1)使用“=”将一个字典赋值给一个变量。

```
>>>a_dict={'name':'王林','class':'大数据一班'}
>>> a_dict
{'class': '大数据一班', 'name': '王林'}
>>> x={} #空字典
>>> x
{}
```

(2)内置函数 dict()利用已有数据创建字典。

```
>>> keys=['a','b','c','d']
>>> values=[1,2,3,4]
>>> dictionary=dict( zip( keys, values ) )
>>> print(dictionary)
{'a': 1, 'c': 3, 'b': 2, 'd': 4}
```

内置函数 dict()根据给定的键、值创建字典。

```
>>> d=dict(name='Tom', age=16)
>>> d
{'age': 16, 'name': 'Tom'}
```

(3)以给定内容为键，创建值为空的字典。

```
>>> adict=dict.fromkeys(['name','age','sex'])
>>> adict
{'age': None, 'name': None, 'sex': None}
```

4.3.3 读取字典元素

(1) 以键作为下标可以读取字典元素，若键不存在则抛出异常。

```
>>> a_dic={'name':'Tom', 'sex':'male', 'age':16}
>>> a_dic['name']
'Tom'
>>> a_dic['telephone']
Traceback(most recent call last):
    File "<pyshell#53>", line 1, in<module>
        a_dic['telephone']
KeyError: 'telephone'
```

(2) 使用字典对象的 get() 方法获取指定键对应的值，并且可以在键不存在的时候返回指定值。

```
>>> a_dic={'name':'Tom', 'sex':'male', 'age':16}
>>> print(aDict.get('address'))
None
>>> a_dic['score']=aDict.get('score',[])
>>> a_dic['score'].append(86)
>>> a_dic['score'].append(83)
>>> a_dic
{'age': 16, 'score': [86, 83], 'name': 'Tom', 'sex': 'male'}
```

(3) 使用字典对象的 items() 方法可以返回字典的键、值对列表，列表的每个元素是元组(键,值)；使用字典对象的 keys() 方法可以返回字典的键列表；使用字典对象的 values() 方法可以返回字典的值列表。

```
>>> a_dic={'name':'Tom', 'sex':'male', 'age':16}
>>> for item in a_dic.items():
        print(item)
('age', 16)
('name', 'Tom')
('sex', 'male')
>>> for key in a_dic:
        print(key)
age
name
sex
>>> for each in a_dic:
        print(each)
age
name
sex
>>> print(a_dic.keys())
dict_keys(['name', 'sex', 'age'])
>>> a_dic.values()
dict_values(['Tom', 'male', 16])
```

4.3.4　添加与修改字典元素

(1) 当以指定键为下标为字典赋值时，若键存在，则可以修改该键的值，若不存在，则表示添加一个键-值对。

```
>>> a_dic={'name':'Tom', 'sex':'male', 'age':16}
>>> a_dic['age']=18
>>> a_dic
{'age': 18, 'name': 'Tom', 'sex': 'male'}
>>> a_dic['address']='Suzhou University'
>>> a_dic
{'age': 18, 'address': 'Suzhou University', 'name': 'Tom', 'sex':
'male'}
```

(2) 使用字典对象的 update 方法将另一个字典的键-值对添加到当前字典对象。

```
>>> a_dic={'age': 16, 'score': [86, 83], 'name': 'Tom', 'sex': 'male'}
>>> a_dic.items()
dict_items([('age', 16),('score', [86, 83]),('name', 'Tom'),('sex',
'male')])
>>> a_dic.update({ 'a':'good' , 'b':'better' })
>>> a_dic
{'a':'good','age':16,'name':'Tom','score':[86,83],'b':'better',
'sex': 'male'}
```

(3) 删除字典元素的方法。删除字典元素常用的方法有 del()、pop()、popitem() 和 clear() 等。其中，del() 方法删除字典中指定键的元素，pop() 方法删除并返回指定键的元素，popitem() 方法删除并返回字典中的一个元素，无须参数，clear() 方法删除字典中所有元素。

```
>>> a_dic={'age': 16, 'score': [86, 83], 'name': 'Tom', 'sex': 'male'}
>>>del a_dic['name']     #删除键是'name'的项
>>>a_dic
{'age': 16, 'score': [86, 83], 'sex': 'male'}
>>>a_dic.clear()         #清空字典所有条目，变成一空字典
>>>del a_dic             #删除此字典
```

4.4　集　　合

集合是无序可变集合，使用一对大括号{}界定，元素不可重复。

4.4.1　创建集合

(1) 直接将集合赋值给变量。

```
a_set={12,13}
a_set.add(8)
print(a_set)
```

输出结果:

```
{8, 12, 13}
```

(2) 内置函数 set() 将其他类型的数据转换为集合。

```
>>> a_set=set(range(2,12))
>>> a_set
{2, 3, 4, 5, 6, 7, 8, 9, 10, 11}
>>>b_set=set([1,2,2,3,0,1,2,3,7,7])
>>> b_set
{0, 1, 2, 3, 7}
>>> c_set=set()                #空集合
>>> c_set
set()
```

4.4.2　删除集合和集合元素

使用 del 删除整个集合，可以使用集合对象的 pop() 方法弹出并删除其中一个元素；使用集合对象的remove() 方法直接删除指定元素；使用集合对象的clear() 方法清空集合，删除所有元素。

```
>>> a_set={5, 6, 7, 9}
>>> a_set.pop()
5
>>>a_set
{6, 7, 9}
>>>a_set.pop()
6
>>>a_set
{7, 9}
>>>a_set.add(10)
>>>a_set
{9, 10, 7}
>>>a_set.remove(9)             #删除指定元素
>>>a_set
{10, 7}
>>>a_set.pop(66)               #pop()方法不接收参数
Traceback(most recent call last):
  File "<stdin>", line 1, in<module>
```

4.4.3　集合运算(并、交、差)

集合并运算：由所有属于集合 A 或属于集合 B 的元素所组成的集合，即 A∪B={x|x∈A，或 x∈B}，内置函数是 union()。

集合交运算：由属于 A 且属于 B 的相同元素组成的集合，即 A∩B={x|x∈A,且 x∈B}，运算符是“&”，内置函数是 intersection()。

集合差运算：从一个集合里减去另一个集合的所有元素，用减号表示，即 A-B，内置函数是 difference()。

```
>>> a_set=set(range(8,14))
>>> b_set=set([0,1,2,3,0,1,2,3,7,8])
>>> a_set.union(b_set)                    #集合并运算
{0, 1, 2, 3, 7, 8, 9, 10, 11, 12, 13}
>>> a_set
{8, 9, 10, 11, 12, 13}
>>> b_set
{0, 1, 2, 3, 7, 8}
>>> a_set & b_set                         #集合交运算
{8}
>>> a_set.intersection(b_set)             #集合交运算
{8}
>>> a_set.difference(b_set)               #集合差运算
{9, 10, 11, 12, 13}
>>>a_set.symmetric_difference(b_set)      #移除两个集合中都存在的元素
{0, 1, 2, 3, 7, 9, 10, 11, 12, 13}
>>> a_set ^ b_set
{0, 1, 2, 3, 7, 9, 10, 11, 12, 13}
```

本 章 小 结

本章学习了以下内容：

(1) 序列是一系列连续值，它们通常是相关的，并且按一定顺序排列；除字典和集合之外，列表、元组、字符串等序列均支持双向索引。

(2) 列表是包含若干元素的有序连续内存空间，当增加和删除元素时，列表对象自动进行内存的扩展和收缩，保证相邻元素之间没有缝隙。

(3) 应尽量从列表尾部进行元素的追加和删除，切片操作作用于列表时具有强大的功能，列表推导式得到的是列表。

(4) 字典的键和集合元素都不允许重复，并且必须是不可变的数据类型。

(5) 列表是可变的，元组是不可变的，字典是无序的，集合是不重复的，这是非常本质的区别。

实　　验

1. 在注册 APP 的时候，会让用户输入手机号码，一般发送短信验证之前首先会验证号码的真实性，如果号码不存在，就不会发送验证码。检验规则如下：手机号码的长度不小于 11 位，并且是移动、联通、电信号段中的任意一个。（参考 IT 技术社区 https://blog.csdn.net/weixin_30678349/article/details/97908486）

```
#手机号码测试：
def number_test():
    while True:
        number=input('Please enter your phone number:')
```

```
            CN_mobile=\
            [134,135,136,137,138,139,150,151,152,157,158,159,182,\
            183,184,187,188,147,178,1705]
            CN_union=[130, 131, 132, 155, 156, 185, 186, 145, 176, 1709]
            CN_dianxin=[133,153,180,181,189,177,1700]
            first_three=int(number[0:3])
            first_four=int(number[0:4])
            if len(number)==11:
                if first_three in CN_mobile or first_four in CN_mobile:
                    print('Operator: China Mobile!')
                    print('we are sending message code to you phone',number)
                    break
                elif first_three in CN_union or first_four in CN_union:
                    print('Operator: China Union!')
                    print('we are sending message code to you phone',number)
                    break
                elif first_three in CN_dianxin or first_four in CN_dianxin:
                    print('Operator: China Dianxin!')
                    print('we are sending message code to you phone', number)
                    break
                else:
                    print('invalid input number!')
            else:
                print('invalid numbers,You number should be 11th')
number_test()
```

2. 利用字典实现入职人员个人信息查询程序，使用户只有在输入 exit 的时候才退出程序。

```
people={
    '汪宁':{
        '技术擅长':'软件系统开发',
        '毕业院校':'清华大学'
     },
    '吴荔':{
        '技术擅长':'数据挖掘与分析',
        '毕业院校':'南京航空航天大学'
    },
    '张乐':{
        '技术擅长':'个性化推荐技术',
        '毕业院校':'浙江大学'
    }
}
labels={
    '技术擅长':'某方面的技术高手',
    '毕业院校':'硕士所毕业的院校'
}
```

```
#初始化名字
name=input('请输入入职人员的名字：')

#获取选项
r=input('请选择入职人员的技术擅长(t)或者毕业院校(s)：')

#获取键
if r=='t':
    y='技术擅长'
if r=='s':
    y='毕业院校'

#查找
if name in people:
    print("{}入职人员{}是{}.".format(name,labels[y],people[name][y]))
```

习　题　4

1．假设 list=[50, 11, 25, 4, 6]，下面每条语句的返回值是什么？

```
[2+x for x in list if x>1]
[x*x for x in range(0,10,2)]
[x*0.8 for x in range(10,0,-2)]
```

2．使用列表推导式列出 150 以内能被 3 整除的平方数，平方值能被 3 整除，原数必然能被 3 整除。

3．输入 7 位裁判给出的成绩，去掉一个最高分，去掉一个最低分，计算出每位选手的平均得分。

4．用户任意输入 8 个数，使用序列结构编写程序统计这 8 个数中的正数之和、负数之和以及零的个数。

5．分别简述列表、元组、字典和集合的特征和它们之间的区别。

第 5 章　Python 面向对象程序设计

学习目标

掌握类的定义与使用；掌握数据成员与成员方法；掌握继承与多态；理解 Python 的特殊方法与运算符重载。

教学重点及难点

重点：掌握类的定义与使用，掌握数据成员与成员方法，掌握继承与多态。

难点：掌握数据成员与成员方法，掌握继承与多态。

Python 从设计之初就是一门面向对象编程(object oriented programming，OOP)的语言，在 Python 中很容易创建类和对象。面向对象程序设计的思想主要针对大型软件设计而提出，使软件设计更加灵活，能够很好地支持代码复用和设计复用，代码具有更好的可读性和可扩展性，大幅度降低了软件开发的难度。

面向对象程序设计的一个关键性观念是将数据以及对数据的操作封装在一起，组成一个相互依存、不可分割的整体(对象)，不同对象之间通过消息机制来通信或者同步。对于相同类型的对象(instance)进行分类、抽象后，得出共同的特征而形成了类(class)，面向对象程序设计的关键就是如何合理定义这些类并且组织多个类之间的关系。

Python 完全支持面向对象的基本功能，如封装、继承、多态以及对基类方法的覆盖或重写。创建类时用变量形式表示对象特征的成员称为数据成员(attribute)，用函数形式表示对象行为的成员称为成员方法(method)，数据成员和成员方法统称为类的成员。

5.1　面向对象程序设计思想概述

在传统程序设计中，通常使用数据类型对变量进行分类。不同数据类型的变量拥有不同的属性，如整型变量用于保存整数，字符串变量用于保存字符串。数据类型实现了对变量的简单分类，但并不能完整地描述事务。在日常生活中，要描述一个事务，既要说明它的属性，也要说明它所能进行的操作。例如，如果将人看作一个事务，它的属性包括姓名、性别、生日、身高、体重，他能完成的动作包括吃饭、运动、说话。将人的属性和能够完成的动作结合在一起，就可以完整地描述人的所有特征，如图 5.1 所示。

如果将人定义为类，那么某个具体的人就是一个对象，不同的对象拥有不同的属性值。面向对象的程序设计思想正是基于这种设计理念，将事务的属性和方法都包含在类中，对象则是类的一个实例。Python 提供对面向对象程序设计思想的全面支持，从而使应用程序的结构更加清晰。

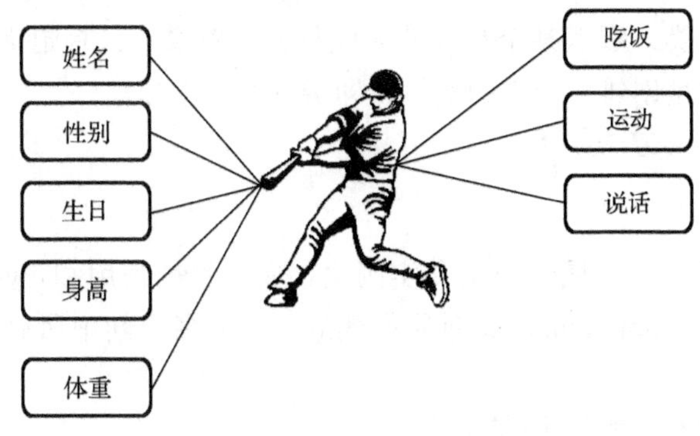

图 5.1　人的属性和方法

5.2　类　定　义

类是面向对象程序设计思想的基础，用来描述具有相同的属性和方法的对象的集合。它定义了该集合中每个对象所共有的属性和方法。对象是类的实例，例如，如果人类是一个类，则一个具体的人就是一个对象。

5.2.1　声明类

Python 使用 class 关键字来定义类，class 关键字之后是一个空格，接下来是类的名字，如果派生自其他基类，则需要把所有基类放到一对圆括号中并使用逗号分隔，然后是一个冒号，最后换行并定义类的内部实现。

类名的首字母一般要大写，当然也可以按照自己的习惯定义类名，但是一般推荐参考惯例来命名，并在整个系统的设计和实现中保持风格一致，这一点对于团队合作编程非常重要。

```
class Car(object):                    #定义一个类，派生自 object 类
    def infor(self):                  #定义成员方法
        print("This is a car")
```

类实例化后，可以使用其属性。实际上，创建一个类之后，可以通过类名访问其属性。

5.2.2　self

可以看到，在成员方法 infor()中有一个参数 self。这也是类的成员方法与普通函数的主要区别。类的成员方法必须有一个参数 self，而且位于参数列表的开头。self 代表类的实例(对象)自身，可以使用 self 引用类的属性和成员函数。

5.3　类　对　象

5.3.1　定义类对象

对象(object)是通过类定义的数据结构实例，包括数据成员(类变量和实例变量)和方

法。如果人类是一个类，那么某个具体的人就是一个对象。只有定义了具体的对象，才能使用类。实例化就是创建一个类的实例，即类的具体对象。

Python 创建对象的方法如下：

```
对象名=类名()
```

类对象支持两种操作：属性引用和实例化。属性引用使用和 Python 中所有的属性引用一样的标准语法：obj.name。类对象创建后，类命名空间中所有的命名都是有效属性名。

【例 5-1】定义类及实例化类的示例。

```
class MyClass:
    i=12345
    def f(self):
        return 'hello world'
#实例化类
x=MyClass()
#访问类的属性和方法
print("MyClass 类的属性 i 为：", x.i)
print("MyClass 类的方法 f 输出为：", x.f())
```

以上创建了一个新的类实例并将该对象赋给局部变量 x，x 为空的对象。执行以上程序，输出结果为：

```
MyClass 类的属性 i 为：12345
MyClass 类的方法 f 输出为：hello world
```

5.3.2 成员变量

在类定义中，可以定义成员变量并同时对其赋初始值。

【例 5-2】定义一个字符串类 MyString，定义成员变量 str，并同时对其赋初始值。

```
class MyString:
    str="I love China."
    def output(self):
        print(self.str)
s=MyString()
s.output()
```

执行以上程序，输出结果为：

```
I love China.
```

可以看到，在类的成员函数中使用 self 引用成员变量。

注意：Python 使用两个下划线作为前缀和后缀来指定特殊变量，__xxx__表示系统定义名字，__xxx 表示类中的私有变量名。

类的成员变量可以分为两种情况，一种是公有变量，另一种是私有变量。公有变量可以在类的外部访问，它是类与用户之间交流的接口。用户可以通过公有变量向类中传递数据，也可以通过公有变量获取类中的数据。在类的外部无法访问私有变量，从而保证类的设计思想和内部结构并不完全对外公开。在 Python 中除了__xxx 格式的成员变量外，其他的成员变量都是公有变量。

5.3.3　构造方法

构造方法是类的一个特殊函数，它有一个固定的名称，即__init__()，以两个下划线开头和两个下划线结束，该方法在类实例化时会自动调用，通过构造方法对类进行初始化操作的语句如下：

```
def __init__(self):
    self.data=[]
```

类定义了__init__()方法，类的实例化操作会自动调用__init__()方法。如下实例化类 MyClass，对应的__init__()方法就会被调用。

```
x=MyClass()
```

__init__()方法可以有参数，参数通过__init__()传递到类的实例化操作上。

【例 5-3】构造方法示例。

```
class Complex:
    def __init__(self, realpart, imagpart):
        self.r=realpart
        self.i=imagpart
x=Complex(3.0, -4.5)
print(x.r, x.i)
```

输出结果：

```
3.0 -4.5
```

1) self 代表类的实例，而不是代表类

类的方法不同于普通函数，类的方法的第一个参数必须是指定的，按照惯例，它的名称是 self。

```
class Test:
    def prt(self):
        print(self)
        print(self.__class__)
t=Test()
t.prt()
```

以上实例执行结果为：

```
<__main__.Test object at 0x0000000005D98C18>
<class '__main__.Test'>
```

从执行结果可以很明显地看出，self 代表的是类的实例，代表当前对象的地址，而 self.class 则指向类。self 不是 Python 关键字，把它换成 sunshine 也是可以正常执行的。

```
class Test:
    def prt(sunshine):
```

```
        print(sunshine)
        print(sunshine.__class__)
t=Test()
t.prt()
```

以上实例执行结果为：

```
<__main__.Test object at 0x0000000005D98CC0>
<class '__main__.Test'>
```

2)类的方法

在类的内部，使用 def 关键字来定义一个方法，与一般函数定义不同，类方法必须包含参数 self，且为第一个参数，self 代表类的实例。

【例 5-4】实例化类示例。

```
#类定义
class People:
    #定义基本属性
    name=''
    age=0
    #定义私有属性，私有属性在类外部无法直接进行访问
    __weight=0
    #定义构造方法
    def __init__(self,n,a,w):
        self.name=n
        self.age=a
        self.__weight=w
    def speak(self):
        print("%s 说: 我 %d 岁。" %(self.name,self.age))
#实例化类
p=People('Mary',10,30)
p.speak()
```

执行以上程序的输出结果为：

```
Mary 说: 我 10 岁。
```

5.3.4 析构函数

Python 析构函数有一个固定的名称，即__del__()。通常在析构函数中释放类所占用的资源。使用 del 语句可以删除一个对象，释放它所占用的资源。

【例 5-5】使用析构函数。

```
class MyString:
    def __init__(self):        #构造方法
        self.str="Dear students"
    def __del__(self):         #析构函数
        print("Best wishes for you.")
    def output(self):
        print(self.str)
```

```
s=MyString()
s.output()
del s                              #删除对象
```

本例的输出结果如下：

```
Dear students
Best wishes for you.
```

5.3.5　静态变量

静态变量和静态方法是类的静态成员，在类中可以定义静态变量，它们与普通的成员变量和成员方法不同，静态类成员与具体对象没有关系。Python 不需要显式定义静态变量，任何公有变量都可以作为静态变量使用。访问静态变量的方法如下：

```
类名.变量名
```

虽然也可以通过对象名访问静态变量，但是同一个变量，通过类名访问与通过对象名访问的实例不同，而且不互相干扰。

【例 5-6】 定义一个类 Users，使用静态变量 count 记录当前在线的用户数量。

```
class Users(object):
    count=0
    def __init__(self):
        Users.count+=1
    def __del__(self):
        Users.count-=1
a=Users()
a.count+=1
print(a.count)
```

在构造方法__init__中，使用 Users.count+=1 语句将计数器加 1；在析构方法__del__中，使用 Users.count–=1 语句将计算器函数减 1。因为静态变量 count 并不属于任何对象，所以，当对象被释放后，count 中的值仍然存在。

程序首先创建一个 Users 对象 a，此时会执行一次构造方法，因此，Users.count 的值等于 1。然后，程序执行 a.count+=1，使用对象调用 count，此时不会影响静态变量 Users.count 的值。因此，最后打印 Users.count 的值结果为 1。

5.3.6　静态方法的使用

与静态变量相同，静态方法只属于定义它的类，而不属于任何一个具体对象。静态方法具有如下特点：

(1) 静态方法无须传入 self 参数，因此，在静态方法中无法访问实例变量。

(2) 在静态方法中不可以直接访问类的静态变量，但可以通过类名引用静态变量。

因为静态方法既无法访问实例变量，也不能直接访问类的静态变量，所以，静态方法与定义它的类没有直接关系，而是起到了类似函数工具库的作用。

可以使用装饰符@staticmethod 定义静态方法，具体如下：

```
class 类名:
   @staticmethod
   def 类方法名(cls):
       方法体
```

可以通过对象名调用静态方法，也可以通过类名调用静态方法，这两种方法没有什么区别。

【例 5-7】演示静态方法的示例。

```
class MyClass:           #定义类
    var1='String 1'
    @staticmethod        #静态方法
    def staticmd():
        print('静态方法的演示')

MyClass.staticmd()
c=MyClass()
c.staticmd()
```

程序定义了一个类 MyClass，其中包含一个静态方法 staticmd()。在 staticmd() 方法中打印“静态方法的演示”。程序中分别使用类和对象调用静态方法 staticmd()，运行结果如下：

```
静态方法的演示
静态方法的演示
```

5.3.7　类方法的使用

类方法是 Python 的一个新概念，具有如下特性：

(1) 与静态方法一样，类方法可以使用类名调用类方法。

(2) 与静态方法一样，类成员方法无法访问实例变量，但可以访问类的静态变量。

(3) 类方法需传入代表本类的 cls 参数。

可以使用装饰符@classmethod 定义类方法，具体如下：

```
class 类名:
    @classmethod
    def 类方法名(cls):
        方法体
```

类方法在 Python 中使用得比较少，类方法传入的第一个参数为 cls，代表类本身。并且，类方法可以通过类直接调用，或通过实例直接调用。但无论哪种调用方式，最左侧传入的参数一定是类本身。

【例 5-8】演示类方法的示例。

```
class ClassA(object):
    @classmethod
    def func_a(cls):
        print(type(cls), cls)
```

```
if __name__=='__main__':
    ClassA.func_a()
    ca=ClassA()
```

运行结果如下：

```
<class 'type'><class '__main__.ClassA'>
```

从运行结果可以看出，无论类调用还是实例调用，类方法都能正常工作，且通过打印 cls，可以看出 cls 传入的都是类实例本身。

5.3.8　使用 isinstance() 函数判断对象类型

使用 isinstance() 函数可以检测一个给定的对象是否属于(继承于)某个类或类型，如果是，则返回 True，否则返回 False。其使用方法如下：

```
isinstance(对象名，类名或类型名)
```

如果对象名是指定的类名或类型名，则 isinstance() 函数返回 True，否则返回 False。

【例 5-9】 演示 isinstance 关键字的示例。

```
class MyClass:  #定义类
    val1='I love Suzhou University'
    def __init__(self):
        self.val2='I love Anhui'

c=MyClass()
print(isinstance(c, MyClass))
l=[1,2,3,4]
print(isinstance(l, list))
```

运行结果如下：

```
True
True
```

5.4　继　　承

面向对象编程语言的一个主要功能就是“继承”。继承可以使用现有类的所有功能，并在无须重新编写原来的类的情况下对这些功能进行扩展。通过继承创建的新类称为“子类”或“派生类”(subclass)，被继承的类称为“基类”、“父类”或“超类”(base class、super class)，继承的过程就是从一般到特殊的过程。在 Python 中，一个子类可以继承多个基类。

【例 5-10】 定义父类。

```
#!/usr/bin/python3
#类定义
class People:
    #定义基本属性
```

```
    name=''
    age=0
    #定义私有属性，私有属性在类外部无法直接进行访问
    __weight=0
    #定义构造方法
    def __init__(self,n,a,w):
        self.name=n
        self.age=a
        self.__weight=w
    def speak(self):
        print("%s 说: 我 %d 岁。" %(self.name,self.age))
```

【例 5-11】单继承示例。

```
class Student(People):
    grade=''
    def __init__(self,n,a,w,g):
        #调用父类的构造函数
People.__init__(self,n,a,w)
        self.grade=g
    #覆写父类的方法
    def speak(self):
        print("%s 说: 我 %d 岁了，我在读 %d 年级"%(self.name,self.age,
        self.grade))
s=Student('王欣',10,60,3)
s.speak()
```

执行以上程序的输出结果为：

```
王欣 说: 我 10 岁了，我在读 3 年级
```

5.5 多 继 承

Python 支持多继承形式，多继承的类定义格式如下：

```
class DerivedClassName(Base1, Base2, Base3):
<statement-1>
   …
<statement-N>
```

注意：需要注意圆括号中父类的顺序，若是父类中有相同的方法名，而在子类使用时未指定，则 Python 从左至右搜索。即方法在子类中未找到时，从左到右查找父类中是否包含方法。

【例 5-12】多继承示例。

```
class People:          #类定义
    #定义基本属性
    name=''
    age=0
```

```
    #定义私有属性，私有属性在类外部无法直接进行访问
    __weight=0
    #定义构造方法
    def __init__(self,n,a,w):
        self.name=n
        self.age=a
        self.__weight=w
    def speak(self):
        print("%s 说: 我 %d 岁。" %(self.name,self.age))
#多重继承之前的准备
class Speaker():
    topic=''
    name=''
    def __init__(self,n,t):
        self.name=n
        self.topic=t
    def speak(self):
        print("我叫 %s，我是一个演说家，我演讲的主题是 %s"%(self.name,
        self.topic))
#多重继承
class Sample(Speaker,Student):
    a=''
    def __init__(self,n,a,w,g,t):
Student.__init__(self,n,a,w,g)
Speaker.__init__(self,n,t)
test=Sample("Alice",25,80,4,"Python")
test.speak()    #方法名同，默认调用的是在括号中靠前的父类的方法
```

执行以上程序的输出结果为：

```
我叫 Alice，我是一个演说家，我演讲的主题是 Python
```

【例 5-13】方法重写示例 1。

```
#!/usr/bin/python3
class Parent:                    #定义父类
  def myMethod(self):
    print('调用父类方法')
class Child(Parent):             #定义子类
  def myMethod(self):
    print('调用子类方法')
c=Child()                        #子类实例
c.myMethod()                     #子类调用重写方法
super(Child,c).myMethod()        #用子类对象调用父类已被覆盖的方法，super()函
                                 #数是用于调用父类(超类)的一个方法
```

执行以上程序的输出结果为：

```
调用子类方法
调用父类方法
```

注意：如果父类方法的功能不能满足需求，可以在子类重写父类的方法。

【例 5-14】 方法重写示例 2。

```
class Father(object):
    def __init__(self, name):
        self.name=name
        print( "name: %s" %( self.name) )
    def getName(self):
        return 'Father ' + self.name
class Son(Father):
    def getName(self):
        return 'Son '+self.name
if __name__=='__main__':
    son=Son('Tom')
    print( son.getName() )
```

输出结果为：

```
name: Tom
Son Tom
```

注意：如果在子类中需要父类的构造方法，就需要显式地调用父类的构造方法，或者不重写父类的构造方法。子类不重写__init__，实例化子类时，会自动调用父类定义的__init__。

【例 5-15】 方法重写示例 3(如果重写__init__时，实例化子类，就不会调用父类已经定义的__init__)。

```
class Father(object):
    def __init__(self, name):
        self.name=name
        print( "name: %s" %( self.name) )
    def getName(self):
        return 'Father ' + self.name
class Son(Father):
    def __init__(self, name):
        print( "hi" )
        self.name=name
    def getName(self):
        return 'Son '+self.name
if __name__=='__main__':
    son=Son('Tom')
    print( son.getName() )
```

输出结果为：

```
hi
Son Tom
```

注意：

(1) 如果重写__init__时，要继承父类的构造方法，可以使用 super 关键字：super(子类，self).__init__(参数 1,参数 2,…)。

(2) 类的私有属性(__private_attrs)：两个下划线开头，声明该属性为私有，不能在类的外部被使用或直接访问，在类内部的方法中使用时，引用格式为 self.__private_attrs。

(3) 类的方法：在类的内部，使用 def 关键字来定义一个方法，与一般函数定义不同，类方法必须包含参数 self，且为第一个参数，self 代表类的实例。self 的名字可以改变，也可以使用 this 等，但是最好还是按照约定使用 self。

(4) 类的私有方法(__private_method)：两个下划线开头，声明该方法为私有方法，只能在类的内部调用，不能在类的外部调用，类的私有属性实例如下。

【例 5-16】私有变量与公开变量的使用。

```
#!/usr/bin/python3
class JustCounter:
    __secretCount=0                    #私有变量
    publicCount=0                      #公开变量
    def count(self):
        self.__secretCount+=1
        self.publicCount+=1
        print(self.__secretCount)
counter=JustCounter()
counter.count()
counter.count()
print(counter.publicCount)
print(counter.__secretCount)           #报错，实例不能访问私有变量
```

执行以上程序的输出结果为：

```
1
2
2
Traceback(most recent call last):
  File "test.py", line 16, in<module>
    print(counter.__secretCount)     #报错，实例不能访问私有变量
AttributeError: 'JustCounter' object has no attribute '__secretCount'
```

类的私有方法实例如下。

【例 5-17】私有方法与公共方法的使用。

```
#!/usr/bin/python3
class Site:
    def __init__(self, name, url):
        self.name=name                 #public
        self.__url=url                 #private
    def who(self):
        print('name : ', self.name)
```

```
        print('url: ', self.__url)
    def __foo(self):                    #私有方法
        print('这是私有方法')
    def foo(self):                      #公共方法
        print('这是公共方法')
        self.__foo()
x=Site('宿州学院', 'www.ahsztc.edu.cn')
x.who()                                 #正常输出
x.foo()                                 #正常输出
x.__foo()                               #报错
```

注意：在 Python 中，有一类自带的特殊方法，使用诸如__xxx__(前后两个下划线，中间是方法名)的命名方式，也称之为魔术方法（magic method)，常用的特殊方法主要有。

__init__：构造方法，在生成对象时调用。

__del__：析构方法，在释放对象时使用。

__repr__：打印，转换。

__setitem__：按照索引赋值。

__getitem__：按照索引获取值。

__len__：获得长度。

__cmp__：比较运算。

__call__：函数调用。

__add__：加运算。

__sub__：减运算。

__mul__：乘运算。

__truediv__：除运算。

__mod__：求余运算。

__pow__：乘方。

5.6　多　　态

使用面向对象程序设计思想可以通过对类的继承实现应用程序的层次化设计。类的继承关系是树状的，从一个根类中可以派生出多个子类，而子类还可以派生出其他子类，以此类推。每个子类都可以从父类中继承成员变量和成员函数，实际上相当于继承了一套程序设计框架。例如，已经编写了一个名为 Animal 的 class，有一个 run()方法可以直接打印：

```
class Animal(object):
    def run(self):
print('Animal is running...')
```

当需要编写 Tiger 和 Fox 类时，就可以直接从 Animal 类继承：

```
class Tiger(Animal):
```

```
    pass
class Fox(Animal):
    pass
```

对于 Tiger 来说，Animal 就是它的父类，对于 Animal 来说，Tiger 就是它的子类。Fox 和 Tiger 类似。由于 Animal 实现了 run()方法，因此，Tiger 和 Fox 作为它的子类，什么事也没做，就自动拥有了 run()方法：

```
tiger=Tiger()
tiger.run()
fox=Fox()
fox.run()
```

运行结果如下：

```
Animal is running...
Animal is running...
```

当然，也可以对子类增加一些方法，如 Tiger 类：

```
class Tiger(Animal):
    def run(self):
print('Tiger is running...')
    def eat(self):
print('Eating meat...')
```

通过执行上述代码，可知无论 Tiger 还是 Fox，它们 run()的时候，显示的都是 Animal is running...，符合逻辑的做法是，输出分别显示 Tiger is running...和 Fox is running...，因此，对 Tiger 和 Fox 类改进如下：

```
class Tiger(Animal):
    def run(self):
print('Tiger is running...')
class Fox(Animal):
    def run(self):
print('Fox is running...')
```

再次运行，结果如下：

```
Tiger is running...
Fox is running...
```

当子类和父类都存在相同的 run()方法时，子类的 run()就会覆盖父类的 run()，在代码运行的时候，总是会调用子类的 run()。这样，我们就获得了继承的另一个好处：多态。

继承还可以一级一级地继承下来，就好比从爷爷到爸爸再到儿子这样的关系。而任何类，最终都可以追溯到根类 object，这些继承关系看上去就像一棵倒着的树，如图 5.2 所示。

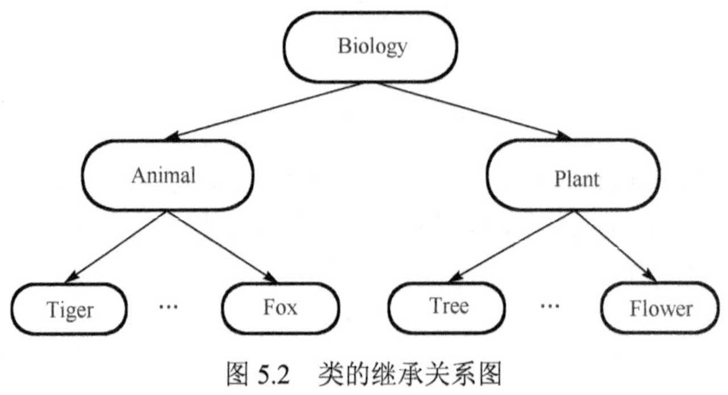

图 5.2　类的继承关系图

5.7　封　装

封装就是将抽象得到的数据和行为相结合，形成一个有机的整体，即类。封装的目的是增强安全性和简化编程，使用者不必了解具体的实现细节，而只是通过外部接口来使用类的成员。封装隐藏对象的属性和实现细节，仅对外提供公共访问方式。

5.7.1　封装的优点和原则

封装的好处是可以将变化隔离，便于使用，提高复用性，提高安全性。封装的原则是将不需要对外提供的内容都隐藏起来；把属性都隐藏，提供公共方法对其访问。在 Python 中用双下划线开头的方式将属性设置成私有变量和私有方法，隐藏起来。

【例 5-18】设置类的数据属性为私有。

```
class A:
  __N=0                    #把类的数据属性设置成私有的如__N，会变形为_A__N
  def __init__(self):
    self.__X=10            #变形为 self._A__X
  def __foo(self):         #变形为_A__foo
    print('from A')
  def bar(self):
    self.__foo()           #只有在类内部才可以通过__foo 的形式访问到
```

#A._A__N 是可以访问到的，即这种操作并不是严格意义上的限制外部访问，仅仅只是一种语法意义。

这种自动变形的特点如下：

(1) 类中定义的__x 只能在内部使用，如 self.__x，引用的就是变形的结果。

(2) 这种变形其实正是针对外部的变形，在外部是无法通过__x 这个名字访问到的。

(3) 在子类定义的__x 不会覆盖在父类中定义的__x，因为子类中变形成了_子类名__x，而父类中变形成了_父类名__x，即双下划线开头的属性在继承给子类时，子类是无法覆盖的。

注意：这种机制也并没有真正意义上限制我们从外部直接访问属性，知道了类名和属性名就可以拼出名字：_类名__属性，然后就可以访问，如 a._A__N。变形的过程只在类定义时发生一次，在定义后的赋值操作，不会变形。

5.7.2　封装与扩展性

封装在于明确区分内外，使类实现者可以修改封装内的内容而不影响外部调用者的代码；而外部使用者只知道一个接口(函数)，只要接口(函数)名、参数不变，使用者的代码永远无须改变。这就提供了一个良好的合作基础，或者说，只要接口这个基础约定不变，则代码改变不足为虑。

【例 5-19】 封装示例 1。

```
#设计类
class Room:
  def __init__(self,name,owner,width,length,high):
    self.name=name
    self.owner=owner
    self.__width=width
    self.__length=length
    self.__high=high
  def inter_area(self):      #对外提供的接口隐藏了内部的实现细节，此时求面积
    return self.__width * self.__length
#使用类
>>> r1=Room('卧室','Linda',20,20,20)
>>> r1.inter_area()          #使用者调用接口 inter_area
400
```

【例 5-20】 封装示例 2。

```
#新设计的类扩展了功能，而使用类时，完全不需要改变代码
class Room:
  def __init__(self,name,owner,width,length,high):
    self.name=name
    self.owner=owner
    self.__width=width
    self.__length=length
    self.__high=high
  def inter_area(self):      #对外提供的接口，求体积，隐藏了内部实现
    return self.__width * self.__length * self.__high
>>> r1.inter_area()
400
```

本 章 小 结

本章学习了以下内容：

(1)类和对象的定义与使用。

(2)对象的构造方法，对象的私有成员，类成员与对象成员，静态方法。

(3)类的继承、多态、封装。

实　　验

使用面向对象的思想设计士兵开枪问题。士兵 Jack 有一把 AK47 枪，他可以开火(士兵开火扣动的是扳机)；枪能够发射子弹(把子弹发射出去)，枪能够装填了弹(把子弹装进枪)。(参考 IT 技术社区 https://blog.csdn.net/weixin_45116412/article/details/108782304)

分析：由于士兵 Jack 有一把 AK47，士兵可以开火。故需要先创建枪类(Gun)，包含属性和方法如下。

(1)属性：型号(model)，子弹数目(bullet_count)。

(2)方法：发射子弹(shoot)，装填子弹(add_bullet)。

还需创建士兵类(Soldier)，包含属性和方法如下。

(1)属性：姓名(name)，枪名(Gun)。

(2)方法：开火(fire)。

程序代码如下：

```
#定义枪类
class Gun():
    def __init__(self,model):    #初始化
        self.model=model
        self.bullet_count=0
def __str__(self):               #规范化
        return '%s 有%d 发子弹' %(self.model,self.bullet_count)
def shoot(self):                 #定义方法
        if self.bullet_count>0:
            print('发射子弹...')
            self.bullet_count-=1
        else:
            print('枪内无子弹，无法发射...')
    def add_bullet(self,count):
        self.bullet_count+=count
        print('装填子弹:%s 颗...' %count)

class Soldier():                 #定义士兵类
def __init__(self,name):         #初始化
        self.name=name
        self.Gun=None
def fire(self):                  #定义方法(关联枪类)
        if self.Gun==None:
            print('%s 还没有枪...' %self.name)
        else:
            self.Gun.add_bullet(10)
            print('开火...')
            self.Gun.shoot()
```

```
#创建枪对象
AK47=Gun('AK47')
print(AK47)

#调用方法
AK47.add_bullet(10)
AK47.shoot()
print(AK47)

Jack=Soldier('Jack')          #创建士兵对象
Jack.fire()                   #调用方法
Jack.Gun=AK47
Jack.fire()
print(AK47)
```

习　题　5

一、选择题

1. 面向对象程序设计的三个特征是(　　)。
   A. 封装　B. 继承　C. 多态　D. 以上都是
2. 对象构造方法的作用是(　　)。
   A. 一般成员方法　B. 类的初始化
   C. 对象的初始化　D. 对象的建立
3. 面向对象程序设计中的私有数据是指(　　)。
   A. 访问数据时必须输入保密口令　B. 数据经过加密处理
   C. 数据为只读　D. 外部对数据不可访问
4. 以下对 C 类继承 A 和 B 的格式(　　)是正确的。
   A. class C:A,B　B. class C:A B　C. class C(A,B):　D. def class C(A,B):
5. 类中名称开始带有两个下划线的方法一定是(　　)。
   A. 静态方法　B. 私有方法　C. 系统方法　D. 类成员方法

二、简答题

1. 简述面向对象程序设计的概念，以及类和对象的关系。在 Python 语言中如何声明类和定义对象？

2. 面向对象程序设计中继承与多态性的作用是什么？

三、编程题

1. 定义一个 Circle 类，根据圆的半径求面积和体积，再由 Circle 类创建两个圆对象，其半径分别为 4、8，要求输出各自的面积和体积。

2．定义一个学生类，包括学号、姓名和出生日期 3 个属性(数据成员)，包括一个用于给定数据成员初始值的构造函数；包含一个可计算学生年龄的方法。编写该类并对其进行测试。

3．首先设计一个颜色类(Color)作为基类，包括红(red)、绿(green)、蓝(blue)三原色成员变量，并添加构造方法、显示三原色值的方法以及修改红色值的方法；接着设计一个颜色类的派生类叫彩虹类(Rainbow)，它在颜色类的基础上再添加四种颜色，即橙(orange)、黄(yellow)、青(cyan)、紫(purple)，也添加构造方法、显示方法以及修改紫色的方法，最后在主模块中定义这两个类的对象，测试所设计的方法并显示最后的结果。

第 6 章　Python 字符串和正则表达式

学习目标

掌握字符串的概念、类型以及表示方法；掌握字符串的应用操作；掌握正则表达式的定义和应用。

教学重点及难点

重点：掌握字符串的应用操作，掌握正则表达式的应用。

难点：掌握正则表达式的定义和应用。

6.1　字　符　串

6.1.1　字符串的表示

1) 字符串概念

在 Python 中，字符串属于不可变有序序列，定界符使用比较灵活，可以使用单引号、双引号、三单引号或三双引号，并且不同的定界符之间可以互相嵌套，例如，'abc'、'123'、'中国'；"Python"；'''Tom said,"Let's go" '''。

除了支持双向索引、比较大小、计算长度、元素访问、切片等序列通用方法外，字符串类型还支持一些特有的操作方法，如字符串格式化、查找、替换、排版等。

字符串属于常量，是不可变的，不能直接对字符串对象进行元素增加、修改与删除等操作，切片操作也只能访问其中的元素而无法使用切片来修改字符串中的字符。

除了支持 Unicode 编码的 str 类型之外，Python 还支持字节串类型 bytes。str 类型字符串可通过 encode() 方法使用指定的字符串编码格式编码成为 bytes 对象，而 bytes 对象则可以通过 decode() 方法使用指定编码格式解码成为 str 字符串。

2) 字符串编码

Python 3.x 完全支持中文字符，默认使用 UTF-8 编码格式，无论一个数字、英文字母，还是一个汉字，在统计字符串长度时都按照一个字符处理。

【例 6-1】 字符串编码。

```
>>> s='中国安徽宿州'
>>> len(s)                          #字符串长度，或者包含的字符个数
... 6
>>> s='安徽宿州学院 ABCDE'          #中文与英文字符同样对待，都算一个字符
>>> len(s)
... 11
>>>姓名='张无忌'                     #使用中文作为变量名
```

```
>>> print(姓名)                                    #输出变量的值
... 张无忌
```

注意：互联网的普及强烈要求出现一种统一的编码方式，UTF-8 编码就是在互联网上使用最广泛的一种 Unicode 的实现方式；它是一种变长的编码方式，可以使用 1～4 字节表示一个符号，根据不同的符号改变字节长度，例如，以 1 字节表示英文字符(兼容ASCII)，以 3 字节表示中文，还有些语言符号使用 2 字节(如俄语和希腊语符号)或 4 字节。

不同编码格式之间相差很大，采用不同的编码格式意味着不同的表示和存储形式，把同一字符存入文件时，写入的内容可能会不同，在试图理解其内容时必须了解编码规则并进行正确的解码。

6.1.2　字符串的应用操作

1)转义字符

在 Python 中，常用的转义字符如表 6.1 所示。

表 6.1　转义字符

转义字符	含义	转义字符	含义
\b	退格，把光标移动到前一列位置	\\	一个斜线\
\f	换页符	\'	单引号'
\n	换行符	\"	双引号"
\r	回车	\ooo	三位八进制数对应的字符
\t	水平制表符	\xhh	两位十六进制数对应的字符
\v	垂直制表符	\uhhhh	四位十六进制数表示的 Unicode 字符

2)转义字符的用法

关于转义字符的使用，示例如下。

【例 6-2】转义字符的用法。

```
>>> print('Hello\nWorld')                          #包含转义字符的字符串
... Hello
... World
>>> print('\101')                                  #三位八进制数对应的字符
... A
>>> print('\x41')                                  #两位十六进制数对应的字符
... A
```

为了避免对字符串中的转义字符进行转义，可以使用原始字符串，在字符串前面加上字母 r 或 R 表示原始字符串，其中的所有字符都表示原始的含义而不会进行任何转义。

【例 6-3】转义字符的用法。

```
>>> path='C:\Windows\notepad.exe'
>>> print(path)                                    #字符\n 被转义为换行符
... C:\Windows
... otepad.exe
>>> path=r'C:\Windows\notepad.exe'                 #原始字符串，任何字符都不转义
```

```
>>> print(path)
... C:\Windows\notepad.exe
```

3) 字符串格式化

Python 的字符串格式化有两种方法，一种是使用“%”运算符进行格式化，另外一种是使用 format() 方法进行格式化，分别介绍如下。

(1) 使用“%”运算符进行格式化。使用“%”运算符进行格式化，书写规则如图 6.1 所示。

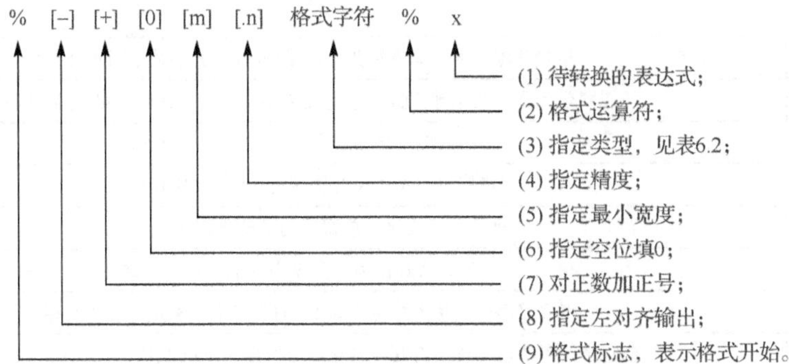

图 6.1　使用“%”运算符格式化的书写规则

常用格式字符如表 6.2 所示。

表 6.2　常用格式字符

格式字符	说明
%s	字符串
%c	单个字符
%d	十进制整数
%o	八进制整数
%x	十六进制整数
%e	指数(基底写为 e)
%E	指数(基底写为 E)
%f、%F	浮点数
%g	指数(e)或浮点数(根据显示长度)
%G	指数(E)或浮点数(根据显示长度)
%%	字符"%"

【例 6-4】常用格式字符使用示例。

```
>>> x=1235
>>> so="%o" % x
>>> so
... "2323"
>>> sh="%x" % x
>>> sh
... "4d3"
```

```
>>> se="%e" % x
>>> se
... "1.235000e+03"
>>> "%s" % 65
... "65"
```

带有数字限制的常用格式字符所代表的含义如表 6.3 所示。

表 6.3　带有数字限制的常用格式字符举例

格式	说明
10.2f	格式化浮点数，总宽度为 10，四舍五入到小数点后第 2 位
10.2e	以科学计数法表示浮点数，总宽度为 10，系数保留到小数点后 2 位
5d	将整数格式化为总宽度为 5 的十进制形式
5o	将整数格式化为总宽度为 5 的八进制形式
5x	将整数格式化为总宽度为 5 的十六进制形式
5b	将整数格式化为总宽度为 5 的二进制形式
50s	将字符串格式化为总宽度为 50 的字符串，不足则补上空格
50.2s	截取字符串的前 2 位，将其格式化为总宽度为 50 的字符串，不足补空格
−10.2f	向左对齐格式化对象，若无符号(即默认)则是右对齐
+10.2f	格式化浮点数，如果是正数，则自动加上正号“+”

(2) 使用 format() 方法进行字符串格式化。

【例 6-5】 使用 format() 方法进行字符串格式化。

```
>>> 1/3
... 0.3333333333333333
>>> print('{0:.3f}'.format(1/3))          #保留 3 位小数
... 0.333
>>> '{0:%}'.format(3.5)                   #格式化为百分数
... '350.000000%'
>>> '{0:_},{0:_x}'.format(1000000)        #Python 3.6.0 及更高版本支持
... '1_000_000,f_4240'
>>> print("The number {0:,} in hex is: {0:#x}, the number {1} in oct is {1:#o}".format(5555,55))
... The number 5,555 in hex is: 0x15b3, the number 55 in oct is 0o67
>>> position=(5, 8, 13)
>>> print("X:{0[0]};Y:{0[1]};Z:{0[2]}".format(position))
... X:5;Y:8;Z:13
```

【例 6-6】 使用 format() 方法进行字符串格式化。

```
weather=[("Monday","rainy"),("Tuesday","sunny"),
         ("Wednesday", "sunny"),("Thursday","rainy"),
         ("Friday","cloudy")]
formatter="Weather of '{0[0]}' is '{0[1]}'".format
for item in map(formatter,weather):
   print(item)
for item in weather:
```

```
    print(formatter(item))
```

运行结果：

```
Weather of 'Monday' is 'rainy'
Weather of 'Tuesday' is 'sunny'
Weather of 'Wednesday' is 'sunny'
Weather of 'Thursday' is 'rainy'
Weather of 'Friday' is 'cloudy'
```

4) 字符串常用操作

Python 字符串对象提供了大量方法用于字符串的切分、连接、替换和排版等操作，另外还有大量内置函数和运算符也支持对字符串的操作，有关字符串常用操作介绍如下。

(1) 查找方法。find() 和 rfind() 方法分别用来查找一个字符串在另一个字符串指定范围(默认是整个字符串)中首次和最后一次出现的位置，如果不存在则返回-1。

index() 和 rindex() 方法用来返回一个字符串在另一个字符串指定范围中首次和最后一次出现的位置，如果不存在则抛出异常。

count() 方法用来返回一个字符串在另一个字符串中出现的次数。

【例 6-7】查找方法使用示例。

```
>>> s="apple,peach,banana,peach,pear"
>>> s.find("peach")
... 6
>>> s.find("peach",7)
... 19
>>> s.find("peach",7,20)
... -1
>>> s.rfind('p')
... 25
>>> s.index('p')
... 1
>>> s.index('pe')
... 6
>>> s.count('p')
... 5
>>> s.count('pp')
... 1
```

(2) 字符串分割。split() 和 rsplit() 方法分别用来以指定字符为分隔符，从字符串左端和右端开始将其分割成多个字符串，并返回包含分割结果的列表；split() 与 join() 作用相反。

partition() 和 rpartition() 用来以指定字符串为分隔符将原字符串分割为三部分元组，即分隔符前的字符串、分隔符字符串、分隔符后的字符串，如果指定的分隔符不在原字符串中，则返回原字符串和两个空字符串。

【例 6-8】字符串分割方法使用示例。

```
>>> s="apple,peach,banana,pear"
>>> li=s.split(",")
```

```
>>> li
...  ["apple", "peach", "banana", "pear"]
>>> s.partition(',')
... ('apple', ',', 'peach,banana,pear')
>>> s.rpartition(',')
... ('apple,peach,banana', ',', 'pear')
>>> s.rpartition('banana')
... ('apple,peach,', 'banana', ',pear')
>>>s="2019-1-31"
>>> t=s.split("-")
>>> print(t)
...  ['2019', '1', '31']
>>> print(map(int, t))
...  [2019, 1, 31]
```

对于 split()和 rsplit()方法，如果不指定分隔符，则字符串中的任何空白符号(包括空格、换行符、制表符等)都将被认为是分隔符，返回包含最终分割结果的列表。

```
>>> s='hello world \n\n My name is Xu   '
>>> s.split()
...  ['hello', 'world', 'My', 'name', 'is', ' Xu ']
```

(3)字符串连接。字符串连接操作常使用 join()方法。

【例 6-9】字符串连接方法使用示例。

```
>>> li=["apple", "peach", "banana", "pear"]
>>> ','.join(li)
... 'apple,peach,banana,pear'
>>> '::'.join(li)
... 'apple::peach::banana::pear'
```

(4)字符串替换。字符串替换常使用 replace()方法。

【例 6-10】字符串替换方法使用示例。

```
>>> s="中国，中国"
>>> print(s)
... 中国，中国
>>>s2=s.replace("中国", "中华人民共和国")
>>> print(s2)
... 中华人民共和国，中华人民共和国
```

(5)字符串消减。字符串消减常用方法有 strip()、rstrip()、lstrip()，这几个方法分别用来删除两端、右端或左端的空格或连续的指定字符。

【例 6-11】字符串消减方法使用示例。

```
>>> s=" abc  "
>>> s2=s.strip( )
>>> s2
... "abc"
>>> "aaaassddf".strip("af")
```

```
... "ssdd"
>>> "aaaassddfaaa".rstrip("a")
... 'aaaassddf'
>>> "aaaassddfaaa".lstrip("a")
... 'ssddfaaa'
```

(6) 检验字符串是否为字母、数字。isalnum()、isalpha()、isdigit()、isspace()、isupper()、islower()用来测试字符串是否为数字或字母、是否为字母、是否为数字字符、是否为空白字符、是否为大写字母以及是否为小写字母。

【例 6-12】 检验字符串类型使用示例。

```
>>> '1234abcd'.isalnum()
... True
>>> '1234abcd'.isalpha()          #全部为英文字母时返回 True
... False
>>> '1234abcd'.isdigit()          #全部为数字时返回 True
... False
>>> '1234'.isdigit()
... True
>>> '九'.isdigit()
... False
```

(7) 检验字符串小写、大写及首字母大写等。检验字符串小写、大写及首字母大写等使用到的方法有 lower()、upper()、capitalize()、title()、swapcase()，示例如下。

【例 6-13】 检验字符串小写、大写等使用示例。

```
>>> s="What is Your Name?"
>>> s.lower()                     #返回小写字符串
... 'what is your name?'
>>> s.upper()                     #返回大写字符串
... 'WHAT IS YOUR NAME?'
>>> s.capitalize()                #字符串首字符大写
... 'What is your name?'
>>> s.title()                     #每个单词的首字母大写
... 'What Is Your Name?'
>>> s.swapcase()                  #大小写互换
... 'wHAT IS yOUR nAME?'
```

5) 字符串对象支持的运算符

Python 字符串支持加法运算符，表示两个字符串连接，生成新字符串。

【例 6-14】 字符串连接示例。

```
>>> 'hello ' + 'world'
... 'hello world'
```

成员判断，使用关键字 in。

【例 6-15】 字符串成员判断示例。

```
>>> "a" in "abcde"                #测试一个字符是否存在于另一个字符串中
... True
```

```
>>> 'ab' in 'abcde'
... True
>>> 'ac' in 'abcde'      #关键字 in 左边的字符串作为一个整体对待
... False
```

【例 6-16】 重复字符串内容示例。

Python 字符串支持与整数的乘法运算，表示重复字符串内容，得到新字符串。

```
>>> 'abcd' * 3
... 'abcdabcdabcd'
```

6) 字符串对象内置函数

【例 6-17】 字符串对象内置函数使用示例。

常用字符串对象内置函数的一些示例如下：

```
>>> x='Hello world.'
>>> max(x)                          #最大字符
... 'w'
>>> min(x)                          #最小字符
... ' '
>>> sorted(x)
...  [' ', '.', 'H', 'd', 'e', 'l', 'l', 'l', 'o', 'o', 'r', 'w']
>>> list(reversed(x))
...  ['.', 'd', 'l', 'r', 'o', 'w', ' ', 'o', 'l', 'l', 'e', 'H']
>>> list(enumerate(x))
...  [(0, 'H'),(1, 'e'),(2, 'l'),(3, 'l'),(4, 'o'),(5, ' '),(6, 'w'),(7,
'o'),(8, 'r'),(9, 'l'),(10, 'd'),(11, '.')]
>>> list(map(add, x, x))
...  ['HH', 'ee', 'll', 'll', 'oo', '  ', 'ww', 'oo', 'rr', 'll', 'dd', '..']
```

【例 6-18】 内置函数 eval() 使用示例。

内置函数 eval() 用来把任意字符串转化为 Python 表达式并进行求值。

```
>>> eval("3+4")                     #计算表达式的值
... 7
>>> a=3
>>> b=5
>>> eval('a+b')                     #这时候要求变量 a 和 b 已存在
... 8
>>> import math
>>> eval('math.sqrt(3)')
... 1.7320508075688772
```

Python 的内置函数 eval() 可以计算任意合法表达式的值，如果有恶意用户巧妙地构造并输入非法字符串，可以执行任意外部程序或者实现其他目的，如下面的代码运行后可以启动记事本程序：

```
>>> a=input('Please input a value:')
... Please input a value:__import__('os').startfile(r'C:\Windows\\notepad.exe')
>>> eval(a)
```

7) 字符串对象的切片操作

切片也适用于字符串，但仅限于读取其中的元素，不支持字符串修改。

【例 6-19】 字符串对象的切片操作示例。

```
>>> 'Explicit is better than implicit.'[:8]
... 'Explicit'
>>> 'Explicit is better than implicit.'[9:23]
'is better than'
```

8) 字符串常量

Python 自带一个标准库 string，在 string 中定义了数字字符、标点符号、英文字母、大写字母、小写字母等常量，可以直接导入使用。

【例 6-20】 字符串标准库 string 使用示例。

```
>>> import string
>>> string.digits
... '0123456789'
>>> string.punctuation
... '!"#$%&\'()*+,-./:;<=>?@[\\]^_`{|}~'
>>> string.ascii_letters
... 'abcdefghijklmnopqrstuvwxyzABCDEFGHIJKLMNOPQRSTUVWXYZ'
>>> string.ascii_lowercase
... 'abcdefghijklmnopqrstuvwxyz'
>>> string.ascii_uppercase
... 'ABCDEFGHIJKLMNOPQRSTUVWXYZ'
```

9) 中英文分词

在 Python 中，可以导入 jieba 模块或者 snownlp 模块实现中英文分词。

【例 6-21】 中英文分词操作示例 1。

```
import jieba                                    #导入 jieba 模块
sentence_1='看庭前花开花落，荣辱不惊，望天上云卷云舒，去留无意。'
print(list(jieba.cut(sentence_1)))        #使用默认词库进行分词
```

输出结果为：

```
['看', '庭前', '花开花落', '，', '荣辱', '不惊', '，', '望', '天上', '云卷云舒', '，', '去留', '无意', '。']
```

【例 6-22】 中英文分词操作示例 2。

```
>>> list(jieba.cut('宿州'))
['宿州']
>>> list(jieba.cut('大宿州'))
['大', '宿州']
>>> jieba.add_word('大宿州')                  #增加词条
>>> list(jieba.cut('大宿州'))                 #使用新词库进行分词
['大宿州']
>>> snownlp.SnowNLP('黑夜给了我黑色的眼睛，我却用他去寻找光明。').words
>>> list(snownlp.SnowNLP('黑夜给了我黑色的眼睛，我却用他去寻找光明。').words)
```

```
['黑夜', '给', '了', '我', '黑色', '的', '眼睛', ',', '我', '却', '用',
'他', '去', '寻找', '光明', '。']
```

注意：在执行上述操作时，如果有提示“NameError: name 'jieba' is not defined”或者“No module named 'snownlp'”，说明 jieba 模块或者 snownlp 模块还未安装，应先在 Anaconda Prompt 下，使用 pip install jieba 命令安装 jieba，或者使用 pip install snownlp 命令安装 snownlp，然后再执行上述语句。

10) 汉字到拼音的转换

汉字到拼音的转换通过导入 pypinyin 模块来实现。

【例 6-23】 汉字到拼音的转换操作示例。

```
>>> from pypinyin import lazy_pinyin, pinyin
>>> lazy_pinyin('日薄西山')
...  ['rì', 'bó', 'xī', 'shān']
>>> lazy_pinyin('葱油薄饼')
...  ['cō ng', 'yóu', 'báo', 'bǐ ng']
>>> pinyin('薄饼')                    #返回拼音
...  [[''báo'], ['bǐ ng']]
```

6.2　正则表达式

6.2.1　正则表达式的基础知识

正则表达式是一种威力无比强大的工具，在我们的生活中，几乎每天都在不知不觉地使用正则表达式。例如，当用户在百度搜索框输入“科比”进行搜索时，搜索结果如图 6.2 所示，百度搜索会把字符串“科比”当作一个正则表达式，使用网络爬虫程序去匹配互联网中包含“科比”的网页，搜索返回的结果就是包含“科比”文字的网页。

图 6.2　百度搜索“科比”返回的结果

1) 正则表达式的定义

百度百科中给出解释，“正则表达式，又称规则表达式(regular expression，在代码中常简写为 re)，是计算机科学的一个概念。正则表达式通常用来检索、替换那些符合某个模式(规则)的文本"。正则表达式本质上是一种特殊的字符串，它定义了一个用来搜索匹配字符串的模式，可以理解为一种对文字进行模糊匹配的语言，能够快速、准确地完成复杂的查找、替换等处理要求，与字符串自身提供的方法相比，提供了更强大的处理功能。

2) 正则表达式的功能

使用正则表达式与传统编程相比，具有一定的优势，例如，在判断某一字符串是否是 E-mail 时，传统编程方法可能需要一二十行代码，使用正则表达式只需几行代码就能实现，能够提高编程效率。正则表达式主要能够实现如下功能：可以验证字符串格式，如网页中常用的电子邮件地址、身份证号、电话号码等的验证，也称为数据有效性验证；可以查找字符串，根据模式匹配从字符串中查找某个子字符串，可以完成在文本或输入字段中查找特定文字；替换文本，可以在文档中使用一个正则表达式来标识特定文字，得到其所在的确切位置后，可以将其全部删除或替换为其他文字。

6.2.2　正则表达式的语法知识

1) 正则表达式的组成

正则表达式是由普通字符(包括转义字符)、特殊字符(又称为元字符)及其不同组合构成的。最简单的正则表达式是只由普通字符构成，例如，如果搜索用的正则表达式是 cat，那么其可以匹配包含 cat 的字符串，如 cat、catalog、sophisticated 等。然后就是带有特殊字符的正则表达式，例如，找出包含三个字母的单词，并且这些单词必须以 ta 开头。那么就可以使用正则表达式"ta."，可以匹配 tag、tan、tap、tax 等，"."的优点是通用，缺点也是通用，为解决句点符号匹配范围过于广泛的问题，使用方括号"[]"来指定有意义的字符。例如，正则表达式 ta[gnp]，就可以匹配单词 tag、tan、tap。

2) 构成正则表达式的普通字符(包括转义字符)

最基本的正则表达式由单个或多个普通字符组成，用以匹配字符串中对应的单个或多个普通字符；由于符号^$*+?{}[]|()被正则表达式用作元字符，若作为普通字符使用则需要转义，如表 6.4 所示。

表 6.4　普通字符构成的正则表达式

正则表达式	字符串	说明
fo	'The quick brown fox jumps for food'	匹配其中 3 个含有'fo'的字符串
1+1=2	'1+1=2'	+为元字符，无法匹配
1\+1=2	'1+1=2'	['1+1=2']
(note)	'please (note)'	()为元字符，匹配 note
\(note\)	'please (note)'	匹配'(note)'

Python 中，re 模块提供了正则表达式操作所需要的功能。例如，re.findall(pattern, string)表示以列表形式列出字符串中模式的所有匹配项。使用普通字符构成的正则表达式搜索匹配示例如表 6.5 所示。

表 6.5　普通字符构成的正则表达式搜索匹配示例

Python 语句	匹配结果
re.findall('fo','The quick brown fox jumps for food')	['fo', 'fo', 'fo']
re.findall('1+1=2','1+1=2')	[]
re.findall('1\+1=2','1+1=2')	['1+1=2']
re.findall('(note)','please (note)')	['note']
re.findall('\(note\)','please (note)')	['(note)']

3) 构成正则表达式的特殊字符(包括转义字符)

构成正则表达式的特殊字符又叫作元字符，特殊字符分为如下几类：字符类、预定义字符类、边界匹配符、重复限定符、分组符“()”、选择符“|”。几类正则表达式特殊字符使用规则如下。

(1) 字符类特殊字符。常用的字符类特殊字符如表 6.6 所示。

表 6.6　正则表达式常用的字符类特殊字符

字符类特殊字符	说明
[]	匹配位于[]中的任意一个字符
-	用在[]之内用来表示范围
^	用在[]之内用来表示否定

[xyz]：枚举字符集，匹配括号中任意字符。

[^xyz]：否定枚举字符集，匹配不在括号中的任意字符。

[a-z]：指定范围的字符，匹配指定范围的任意字符。

[a-zA-Z0-9]：可以匹配一个任意大小写字母或数字。

[^m-z]：指定范围以外的字符，匹配指定范围以外的任意字符。

(2) 预定义字符类特殊字符。常用的预定义字符类特殊字符如表 6.7 所示。

表 6.7　正则表达式常用的预定义字符类特殊字符

预定义字符类特殊字符	说明
.	匹配除换行符以外的任意单个字符
\d	匹配任何数字，相当于[0-9]
\D	与\d 含义相反，非数字，相当于[^0-9]
\s	匹配任何空白字符，相当于[\t\n\r\f\v]
\S	与\s 含义相反，相当于[^\t\n\r\f\v]
\w	匹配任何字母、数字以及下划线，相当于[a-zA-Z0-9_]
\W	与\w 含义相反，相当于[^a-zA-Z0-9_]

(3) 边界匹配符特殊字符。常用的边界匹配符特殊字符如表 6.8 所示。

(4) 重复限定符特殊字符。常用的重复限定符特殊字符如表 6.9 所示。

表 6.8　正则表达式常用的边界匹配符特殊字符

边界匹配符特殊字符	说明
^	匹配行首，匹配以^后面的字符开头的字符串　如'^a'匹配'abc'中的'a'，不匹配'bat'中的'a'
$	匹配行尾，匹配以$之前的字符结束的字符串　如'c$'匹配'abc'中的'c'，不匹配'acb'中的'c'
\b	匹配单词头或单词尾　如'\\bfoo\\b'匹配'foo.' '(foo)' 'bar foo baz'中的'foo'，但不匹配'foobar''foo3'　注意：'\b'在正则表达式表示单词边界
\B	与\b 含义相反　如' py\B'　匹配'python''py3''py2',但不匹配'happy''sleepy''py!'

表 6.9　正则表达式常用的重复限定符特殊字符

重复限定符特殊字符	说明
X{*n*,*m*}	X 重复 *n*～*m* 次，如'o{1,3}'
X{*n*,}	X 至少重复 *n* 次，如'o{2,}'
X{*n*}	X 重复 *n* 次，如'\\b[0-9]{3}'匹配'000'～'999'
X+	X 重复 1 次或多次，等价于 X {1,}，如'zo+'
X*	X 重复 0 次或多次，等价于 X {0,}，如'zo*'匹配'zo' 'zoo' 'z'
X?	X 重复 0 次或 1 次，等价于 X{0,1}，如'colou?r'匹配'color' 'colour'

(5) 分组符。分组符“( )”：( ) 表示一个分组(子模式)，即( ) 内的内容作为一个整体出现。例如，‘(red)+’可以匹配‘redred’、‘redredred’ 等多个重复‘red’的情况。正则表达式分组符使用示例如表 6.10 所示。

表 6.10　正则表达式中分组符使用示例

分组符使用	说明
(pattern)?	允许模式重复 0 次或 1 次
(pattern)*	允许模式重复 0 次或多次
(pattern)+	允许模式重复 1 次或多次
(pattern){*m*.*n*}	允许模式重复 *m*～*n* 次

(6) 选择符。选择符“|”用于选择匹配多个可能的正则表达式中的一个，“|”的优先级最低。例如，Python 语句 re.findall('red|green|blue', 'pink red ,green and blue')，返回的匹配结果是['red', 'green', 'blue']。

【例 6-24】电话号码一般形式为“区号-电话号码”，区号为 3 位或 4 位，电话号码为 6 位或 8 位数字，编写正则表达式，实现电话号码的匹配。

```
    >>> import re
    >>>re.findall('((0\d{2}|\d{3})-(\d{8}|\d{6}))', '宿州学院招生咨询：
0557-2875361')[(‘0557-2875361’, ‘0557’, ‘2875361’)]
```

4) 贪婪性匹配算法与懒惰性匹配算法

Python 针对重复限定符，默认采用贪婪性匹配算法；贪婪性匹配算法是指重复限定符会导致正则表达式引擎尽可能多地重复前导字符。

【例 6-25】贪婪性匹配算法使用示例。

```
>>> s='<html><head><title>Title</title>'
>>> len(s)
32
>>> print re.match('<.*>', s).span()
(0, 32)
>>> print re.match('<.*>', s).group()
<html><head><title>Title</title>
```

如果在限定符后面加后缀“?”，正则表达式引擎则使用懒惰性匹配算法；懒惰性匹配算法是指重复限定符会导致正则表达式引擎尽可能少地重复前导字符。

【例 6-26】懒惰性匹配算法使用示例。

```
>>> import re
>>> s='<html><head><title>Title</title>'
>>> print re.match('<.*?>', s).group()
<html>
```

正则表达式懒惰性匹配字符使用示例如表 6.11 所示。

表 6.11　正则表达式懒惰性匹配字符使用示例

符号	说明
*?	重复任意次，但尽可能少重复
+?	重复 1 次或更多次，但尽可能少重复
X{*n*}?	重复 0 次或 1 次，但尽可能少重复
??	X 重复 1 次或多次，等价于 X {1,}
{*n*,*m*}?	重复 *n*～*m* 次，但尽可能少重复
{*n*,}?	重复 *n* 次以上，但尽可能少重复

6.2.3　正则表达式的应用

在 Python 下，处理正则表达式的模块是 re 模块，re 模块主要用于匹配和搜索字符串、分割字符串、匹配和替换字符串等。既可以直接使用 re 模块的方法进行字符串处理，也可以将模式编译为正则表达式对象，然后使用正则表达式的方法来操作字符串。表 6.12 列出了 re 模块的常用函数和方法。

表 6.12　re 模块的常用函数和方法

方法	说明
findall (pattern,string[,flags])	列出字符串中模式的所有匹配项，返回匹配结果列表
search (pattern,string[,flags])	在字符串中寻找模式，若匹配，返回 Match 对象，否则返回 None
match (pattern,string[,flags])	从字符串的开始处匹配模式，若匹配，返回 Match 对象，否则返回 None
split (pattern,string[,maxsplit=0])	根据模式匹配项(匹配分割符)分割字符串，返回分割后的字符串列表，maxsplit 为分割的最大次数
sub (pat,repl,string[,count=0])	将字符串中所有 pat 的匹配项用 repl 替换；并返回替换后的字符串，count 为替换的最大次数

续表

方法	说明
subn(pat,repl,string[,count=0])	将字符串中所有 pat 的匹配项用 repl 替换；并返回元组：(替换后的字符串,替换次数)，count 为替换的最大次数
escape(string)	将字符串中所有特殊正则表达式字符转义

在表 6.12 中，pattern 表示匹配模式，string 表示要匹配的字符串，flag 表示匹配选项。

1) 直接使用正则表达式 re 模块处理字符串

直接使用 re 模块的方法进行字符串处理的例子如下。

【例 6-27】 使用正则表达式 re 模块处理字符串示例。

```
>>>import re
>>> print(re.match('done|quit', 'done'))    #匹配成功，返回match对象
<_sre.SRE_Match object at 0x00B121A8>
>>> print(re.match('done|quit', 'done!'))   #匹配成功
<_sre.SRE_Match object at 0x00B121A8>
>>> print(re.match('done|quit', 'doe!'))    #匹配不成功，返回空值None
>>> print(re.match('done|quit', 'd!one!')) #匹配不成功
None
>>> print(re.search('done|quit', 'd!one!done'))#匹配成功
<_sre.SRE_Match object at 0x0000000002D03D98>
```

2) 使用正则表达式对象处理字符串

当使用正则表达式对象处理字符串时，首先使用 re 模块的 compile()方法将正则表达式编译生成正则表达式对象，然后使用正则表达式对象提供的方法进行字符串处理。

使用 re 模块的 compile()方法将正则表达式编译生成正则表达式对象的语句是：

```
regex=re.compile(pattern[,flags]) #编译生成正则表达式
```

使用编译后的正则表达式对象可以提高字符串处理速度，也提供了更强大的文本处理功能。使用正则表达式对象的一些示例如表 6.13 所示。

表 6.13 使用正则表达式对象的示例

方法	说明
regex.match(string[, pos[, endpos]])	在字符串开头或指定位置进行搜索，模式必须出现在字符串开头或指定位置；若匹配，返回 Match 对象，否则返回 None
regex.search(string[, pos[, endpos]])	在整个字符串中进行搜索；若匹配，返回 Match 对象，否则返回 None
regex.findall(string[, pos[, endpos]])	在字符串中查找所有符合正则表达式的字符串列表；返回匹配结果列表
regex.sub(repl,string[,count=0])	将字符串中所有 pattern 的匹配项用 repl 替换；并返回替换后的字符串，count 为替换的最大次数
regex.subn(repl,string[,count=0])	将字符串中所有 pat 的匹配项用 repl 替换，并返回元组：(替换后的字符串,替换次数)，count 为替换的最大次数
regex.split(string[, maxsplit = 0])	根据模式匹配项(匹配分隔符)分割字符串，返回分割后的字符串列表，maxsplit 为分割的最大次数

使用正则表达式对象处理字符串的示例如下。

【例 6-28】 使用正则表达式对象处理字符串的示例。

```
>>> import re
>>> example='ShanDong Institute of Business and Technology'
>>> pattern=re.compile(r'\bB\w+\b')          #以 B 开头的单词
>>> pattern.findall(example)
['Business']
>>> pattern=re.compile(r'\w+g\b')            #以 g 结尾的单词
>>> pattern.findall(example)
['ShanDong']
>>> pattern=re.compile(r'\b[a-zA-Z]{3}\b') #查找 3 个字母长的单词
>>> pattern.findall(example)
['and']
>>> pattern.match(example)  #从字符串开头开始匹配，所以不成功，没有返回值
>>> pattern.search(example) #在整个字符串中搜索，所以成功
<_sre.SRE_Match object; span=(31, 34), match='and'>
```

【例 6-29】 使用正则表达式对象处理字符串的示例。

```
>>> example=r'one,two,three.four/file\six?seven[eight]nine|ten'
>>> pattern=re.compile(r'[,./\\?[\]\|]')  #指定多个可能分隔符
>>> pattern.split(example)
['one','two','three','four','file','six','seven','eight','nine','ten']
>>> example=r'one1two2three3four4file5six6seven7eight8nine9ten'
>>> pattern=re.compile(r'\d+')  #使用数字做分隔符
>>> pattern.split(example)
['one','two','three','four','file','six','seven','eight','nine','ten']
```

注意：re 模块包含的一些常用方法的详细解释说明如下。

(1) compile()。首先使用 re 模块的 compile() 方法将正则表达式编译生成正则表达式对象，然后使用正则表达式对象提供的方法进行字符串处理。使用编译后的正则表达式对象可以提高字符串处理速度，也可以提供更强大的文本处理功能。

(2) group() 和 groups()。当处理正则表达式时，除了正则表达式对象之外，还有另一个对象类型：匹配对象。这些是成功调用 match() 或者 search() 返回的对象。匹配对象有两个主要的方法：group() 和 groups()。group() 要么返回整个匹配对象，要么根据要求返回特定子组。groups() 则仅返回一个包含唯一或者全部子组的元组。如果没有子组的要求，那么当 group() 仍然返回整个匹配时，groups() 返回一个空元组。

(3) match()。match() 是一种 re 模块函数和正则表达式对象方法。match() 函数试图从字符串的起始部分对模式进行匹配。如果匹配成功，就返回一个匹配对象；如果匹配失败，就返回 None，匹配对象的 group() 方法能够用于显示那个成功的匹配。下面是如何应用 match()，以及 group() 的一个示例：

```
>>> m=re.match('foo', 'foo')          #模式匹配字符串
>>> if m is not None:                 #如果匹配成功，就输出匹配内容
... m.group()
'foo'
```

(4) search()。其实，搜索模式出现在一个字符串中间部分的概率，远大于出现在字符串起始部分的概率，这也就是 search()派上用场的时候。search()的工作方式与 match()完全一致，不同之处在于 search()会用它的字符串参数，在任意位置对给定正则表达式模式搜索第一次出现的匹配情况。如果搜索到成功的匹配，就会返回一个匹配对象；否则，返回 None。

再次举例说明 match()和 search()之间的差别。以匹配一个更长的字符串为例，这次使用字符串“foo”去匹配“seafood”：

```
>>> m=re.match('foo', 'seafood')        #匹配失败
>>> if m is not None: m.group()
```

可以看到，此处匹配失败。match()试图从字符串的起始部分开始匹配模式；也就是说，模式中的“f”将匹配到字符串的首字母“s”上，这样的匹配肯定是失败的。然而，字符串“foo”确实出现在“seafood”之中(某个位置)，所以，该如何让 Python 得出肯定的结果呢？答案是使用 search()函数，而不是尝试匹配。search()函数不但会搜索模式在字符串中第一次出现的位置，而且严格地对字符串从左到右搜索。

```
>>> m=re.search('foo', 'seafood')       #使用 search()代替
>>> if m is not None: m.group()
```

'foo'#搜索成功，但是匹配失败。最后，需要注意的是，等价的正则表达式对象方法使用可选的 pos 和 endpos 参数来指定目标字符串的搜索范围。

(5) findall()。findall()查询字符串中某个正则表达式模式全部的非重复出现情况。这与 search()在执行字符串搜索时类似，但与 match()和 search()的不同之处在于，findall()总是返回一个列表。如果 findall()没有找到匹配的部分，就返回一个空列表，但如果匹配成功，列表将包含所有成功的匹配部分，从左向右按出现顺序排列。

```
>>> re.findall('car', 'car') ['car']
>>> re.findall('car', 'scary') ['car']
>>> re.findall('car', 'carry the barcardi to the car') ['car', 'car', 'car']
```

子组在一个更复杂的返回列表中搜索结果，这样做是有意义的，因为子组允许从单个正则表达式中抽取特定模式，例如，匹配一个完整电话号码中的一部分，如匹配区号或者完整电子邮件地址的一部分，如登录名称。

本 章 小 结

(1) 字符串属于不可变有序序列，使用单引号、双引号、三单引号或三双引号作为定界符，并且不同的定界符之间可以互相嵌套。

(2) 字符串对象是不可变的，所以字符串对象提供的涉及字符串“修改”的方法都是返回修改后的新字符串，并不对原始字符串做任何修改，无一例外。

(3) Python 3.x 默认使用 UTF-8 编码格式，无论一个数字、英文字母，还是一个汉字，在统计字符串长度时都按一个字符对待和处理。

(4) 不能直接对字符串对象进行元素增加、修改与删除等操作，切片操作也只能访问

其中的元素而无法使用切片来修改字符串中的字符。

(5) 正则表达式是字符串处理的有力工具，正则表达式使用预定义的模式去匹配一类具有共同特征的字符串，可以快速、准确地完成复杂的查找、替换等处理要求，比字符串自身提供的方法提供了更强大的处理功能。

(6) 正则表达式由元字符及其不同组合来构成，通过巧妙地构造正则表达式可以匹配任意字符串，并完成查找、替换、分割等复杂的字符串处理任务。

(7) 在字符串前加上字符 r 或 R 之后表示原始字符串，字符串中任意字符都不再进行转义。

(8) 使用编译后的正则表达式对象可以提高字符串处理速度，也提供了更强大的文本处理功能。

实　　验

1．已知字符串 str_1 = “Thank You FORStanding BEHind ME,I HOPE you're as HAPPY with ME.”，请将 str_1 字符串的大写字母改为小写，小写字母改为大写。

```
#使用字符串的内置方法 str_1.swapcase()
>>>str_1=' Thank You FORStanding BEHind ME,I HOPE you're as HAPPY with ME.'
>>>str_1
... ' Thank You FORStanding BEHind ME,I HOPE you're as HAPPY with ME.'
>>> print(str_1.swapcase())
... tHANK yOU for sTANDING behIND me, i hope YOU ARE AS happy WITH me.
```

2．生成随机验证码代码示例，不区分大小写。具体流程是：用户执行程序，给用户显示需要输入的验证码，用户按照验证码输入相应的值。如果用户输入的值和显示的值相同则显示正确的信息，否则继续生成验证码等待用户输入。（参考 IT 技术社区 https://blog.csdn.net/weixin_30677617/article/details/99028751）

```
def check_code():
    import random
    check_code=''
    for i in range(4):
        current=random.randrange(0,4)
        if current!=i:
            temp=chr(random.randint(65,90))
        else:
            temp=random.randint(0,9)
        check_code+=str(temp)
    return check_code
code=check_code()
while True:
    code=check_code()
    print(code)
    v=input('请输入验证码>>>>')
```

```
    v1=v.upper()
    if v1==code:
        print('验证码正确')
        break
    else:
        pass
```

3．使用正则表达式提取字符串中的电话号码。

```
import re
telNumber='''Suppose my Phone No. is 0557-2871255,
          yours is 010-81014567,
          his is 021-65478907.'''
pattern=re.compile(r'(\d{3,4})-(\d{7,8})')      #定义匹配的正则表达式
index=0
while True:
    matchResult=pattern.search(telNumber, index)  #从指定位置开始匹配
    if not matchResult:
        break
    print('-'*30)
    print('Success:')
    for i in range(3):
        print('Searched content:', matchResult.group(i),\
        ' Start from:', matchResult.start(i), 'End at:', matchResult.end(i),\
          ' Its span is:', matchResult.span(i))
    index=matchResult.end(2)        #指定下次匹配的开始位置
```

习　题　6

1．检查两个单词是否为相似词，两个单词如果包含相同的字母，则它们是相似词。例如，quiet 和 quite 是相似词。

2．用户输入一个十六进制字符串，程序显示该数 2 倍的值(十六进制)。

3．ISBN-13 是区别书籍的新标准。它使用 13 个数：$d_1d_2d_3d_4d_5d_6d_7d_8d_9d_{10}d_{11}d_{12}d_{13}$。最后一位 d_{13} 是一个校验码，d_{13} 使用下面的公式从其他几位计算得到：$10-(d_1+3d_2+d_3+3d_4+d_5+3d_6+d_7+3d_8+d_9+3d_{10}+d_{11}+3d_{12})\%10$，如果校验码是 10，就用 0 替换它。用户输入前 12 位，要求程序输出完整的 ISBN 号码。

4．验证一个字符串是否为一个有效的电子邮箱格式。

5．从输入字符串中清除 HTML 标签。例如，用户输入如下字符串<a href="index.htm">Welcome to Suzhou University!</a>处理后，程序输出为“Welcome to Suzhou University!”。

第 7 章　Python 多线程、多进程

学习目标

掌握线程的概念和线程的工作方式；掌握进程的概念和进程的工作方式；理解多线程的执行方式；理解多进程的执行方式。

教学重点及难点

重点：掌握线程的概念和线程的工作方式，掌握进程的概念和进程的工作方式。

难点：理解多线程的执行方式，理解多进程的执行方式。

7.1　线程与进程

1) 线程的基本概念

线程是进程中执行运算的最小单位，是进程中的一个实体，是被系统独立调度和分派的基本单位，线程自身不拥有系统资源，但它可与同属一个进程的其他线程共享进程所拥有的全部资源。一个线程可以创建和撤销另一个线程，同一进程中的多个线程之间可以并发执行。

线程的优点主要如下：

(1) 易于调度。

(2) 提高并发性。通过线程可方便有效地实现并发性。进程可创建多个线程来执行同一程序的不同部分。

(3) 开销少。创建线程比创建进程要快，所需开销很少。

2) 进程的基本状态及状态之间的关系

进程的基本状态有运行、阻塞、挂起阻塞、就绪、挂起就绪，状态之间的转换关系如下：

(1) 准备就绪的进程，被 CPU 调度执行，变成运行态。

(2) 运行中的进程，进行 I/O 请求或者不能得到所请求的资源，变成阻塞态。

(3) 运行中的进程，进程执行完毕或时间片已到，变成就绪态。

(4) 将阻塞态的进程挂起，变成挂起阻塞态，当导致进程阻塞的 I/O 操作在用户重启进程前完成时，称为唤醒，挂起阻塞态变成挂起就绪态，当用户在 I/O 操作结束之前重启进程时，挂起阻塞态变成阻塞态。

(5) 将就绪(或运行)中的进程挂起，变成挂起就绪态，当该进程恢复之后，挂起就绪态变成就绪态。

3) 线程和进程的关系以及区别

线程和进程的关系主要表现如下：

(1) 一个线程只能属于一个进程，而一个进程可以有多个线程，但至少有一个线程。

(2) 资源分配给进程，同一进程的所有线程共享该进程的所有资源。

(3) 处理机分给线程，即真正在处理机上运行的是线程。

(4) 线程在执行过程中，需要协作同步。不同进程的线程间要利用消息通信的办法实现同步。线程是指进程内的一个执行单元，也是进程内的可调度实体。

线程和进程的区别如下：

(1) 调度：线程作为调度和分配的基本单位，进程作为拥有资源的基本单位。

(2) 并发性：不仅进程之间可以并发执行，同一个进程的多个线程之间也可并发执行。

(3) 拥有资源：进程是拥有资源的一个独立单位，线程不拥有系统资源，但可以访问隶属于进程的资源。

(4) 系统开销：在创建或撤销进程时，由于系统都要为之分配和回收资源，导致系统的开销明显大于创建或撤销线程时的开销。

4) 进程间通信的方式

(1) 管道(pipe)及有名管道(named pipe)：管道可用于具有亲缘关系的父子进程间的通信，有名管道除了具有管道所具有的功能外，它还允许无亲缘关系的进程间进行通信。

(2) 信号(signal)：信号是在软件层次上对中断机制的一种模拟，它是比较复杂的通信方式，用于通知进程有某事件发生，一个进程收到一个信号与处理器收到一个中断请求效果上可以说是一致的。

(3) 消息队列(message queue)：消息队列是消息的链接表，它克服了以上两种通信方式中信号量有限的缺点，具有写权限的进程可以按照一定的规则向消息队列中添加新信息；对消息队列有读权限的进程则可以从消息队列中读取信息。

(4) 共享内存(shared memory)：一种最有用的进程间通信方式。它使得多个进程可以访问同一块内存空间，不同进程可以及时看到对方进程中对共享内存中数据的更新。这种方式需要依靠某种同步操作，如互斥锁和信号量等。

(5) 信号量(semaphore)：主要作为进程之间及同一种进程的不同线程之间的同步和互斥手段。

(6) 套接字(socket)：也是一种进程间通信机制，可用于网络中不同机器之间的进程间通信，应用非常广泛。

7.2　同步和互斥

当有多个线程的时候，经常需要同步这些线程以访问同一个数据或资源。例如，假设有一个程序，其中一个线程用于把文件读到内存，而另一个线程用于统计文件中的字符数。当然，在把整个文件调入内存之前，统计它的计数是没有意义的。但是，由于每个操作都有自己的线程，操作系统会把两个线程当作互不相干的任务分别执行，这样就可能在没有把整个文件装入内存时统计字数。为解决此问题，必须使两个线程同步工作。

所谓同步，是指散布在不同进程之间的若干程序片断，它们必须严格按照规定的某种先后次序来运行，这种先后次序依赖于要完成的特定的任务。如果用对资源的访问来定义，同步是指在互斥的基础上(大多数情况)，通过其他机制实现访问者对资源的有序访问。在大多数情况下，同步已经实现了互斥，特别是所有写入资源的情况必定是互斥的。少数情况是指可以允许多个访问者同时访问资源。

所谓互斥，是指散布在不同进程之间的若干程序片断，当某个进程运行其中一个程序片段时，其他进程就不能运行它们之中的任一程序片段，只能等到该进程运行完这个程序片段后才可以运行。如果用对资源的访问来定义，互斥某一资源同时只允许一个访问者对其进行访问，具有唯一性和排他性。但互斥无法限制访问者对资源的访问顺序，即访问是无序的。

7.3　多线程的基本知识

多线程类似于同时执行多个不同的程序，多线程运行有如下优点：

(1) 使用线程可以把占据长时间的程序中的任务放到后台去处理。

(2) 用户界面可以更加吸引人，如用户单击了一个按钮去触发某些事件的处理，可以弹出一个进度条来显示处理的进度。

(3) 程序的运行速度可能加快。在一些等待的任务实现上如用户输入、文件读写和网络收发数据等，线程就比较有用了。在这种情况下我们可以释放一些资源如内存占用等。

线程在执行过程中与进程还是有区别的。每个独立的线程有一个程序运行的入口、顺序执行序列和程序出口。但是线程不能够独立执行，必须依存在应用程序中，由应用程序提供多个线程执行控制。

线程可以被抢占、被中断。当其他线程正在运行时，当前线程可能暂时搁置，进入睡眠，这种现象称之为线程的退让。线程可以分为内核线程和用户线程，其中，内核线程由操作系统内核创建和撤销，用户线程是不需要内核支持而在用户程序中实现的线程。

线程可以被抢占(中断)。在其他线程正在运行时，线程可以暂时搁置(也称为睡眠)，这就是线程的退让。线程可以分为内核线程和用户线程，其中，内核线程由操作系统内核创建和撤销，用户线程是不需要内核支持而在用户程序中实现的线程。

7.4　多线程的执行

Python 3.x 线程中常用的两个模块为_thread 和 threading。thread 模块已被废弃，用户可以使用 threading 模块代替。所以，在 Python 3.x 中不能再使用 thread 模块。为了兼容性，Python 3.x 将 thread 重命名为_thread。

Python 中使用线程有两种方式：函数或者用类来包装线程对象。

函数形式：调用_thread 模块中的 start_new_thread() 函数来产生新线程。语法如下：

```
_thread.start_new_thread( function, args[, kwargs] )
```

参数说明：function 表示线程函数，args 是传递给线程函数的参数，必须是 tuple 类型，kwargs 是可选参数。

【**例 7-1**】使用_thread 实现多线程的执行。

```
import _thread
import time
#为线程定义一个函数
def print_time( threadName, delay):
    count=0
    while count< 5:
        time.sleep(delay)
        count +=1
        print("%s: %s" %( threadName, time.ctime(time.time()) ))
#创建两个线程
try:
    _thread.start_new_thread( print_time,("Thread-1", 2, ) )
    _thread.start_new_thread( print_time,("Thread-2", 4, ) )
except:
    print("Error: 无法启动线程")
while 1:
    pass
```

执行以上程序，输出结果如下：

```
Thread-1: Wed Apr  6 11:36:31 2019
Thread-1: Wed Apr  6 11:36:33 2019
Thread-2: Wed Apr  6 11:36:33 2019
Thread-1: Wed Apr  6 11:36:35 2019
Thread-1: Wed Apr  6 11:36:37 2019
Thread-2: Wed Apr  6 11:36:37 2019
Thread-1: Wed Apr  6 11:36:39 2019
Thread-2: Wed Apr  6 11:36:41 2019
Thread-2: Wed Apr  6 11:36:45 2019
Thread-2: Wed Apr  6 11:36:49 2019
```

执行以上线程后，可以按下 Ctrl+C 退出。

_thread 提供了低级别的、原始的线程以及一个简单的锁，它相比于 threading 模块的功能还是比较有限的。threading 模块除了包含_thread 模块中的所有方法外，还提供其他方法。

threading.currentThread()：返回当前的线程变量。

threading.enumerate()：返回一个包含正在运行的线程的 list。正在运行指线程启动后、结束前，不包括启动前和终止后的线程。

threading.activeCount()：返回正在运行的线程数量，与 len(threading.enumerate())有相同的结果。除了使用方法外，线程模块同样提供了 Thread 类来处理线程，Thread 类提供了以下方法。

run()：用以表示线程活动的方法。

start()：启动线程活动。

join([time])：等待至线程中止，阻塞调用线程直至线程的 join()方法被调用中止，正常退出或者抛出未处理的异常，或者是可选的超时发生。

isAlive()：返回线程是否是活动的。

getName()：返回线程名。

setName()：设置线程名。

使用 threading 模块创建线程。

使用 threading 模块创建线程时，可以通过直接从 threading.Thread 继承创建一个新的子类，并实例化后调用 start()方法启动新线程，即调用线程的 run()方法。

【例 7-2】使用 threading 模块实现多线程的处理。

```
import time
import threading    #导入 threading 模块

def handle_func(i):  #定义每个线程要运行的函数
    print("running on number=\t", i)
    '''sleep()函数作用就是告诉操作系统在一定时间内不再调用自己了，主动把时间片
    让出来给别的线程'''
    time.sleep(10)
def main():
    for i in range(1, 5):
t=threading.Thread(target=handle_func, args=(i,))    #创建线程
        print("线程 id 号:\t", threading.get_ident())
        #方法 1
        print("当前处于 alive 状态的 Thread 对象数量:\t", threading.
                active_count())
        #方法 2
        print("当前处于 alive 状态的 Thread 对象数量::\t", threading.
                activeCount())
        #方法 1
        print("当前 Thread 对象:\t", threading.current_thread())
        #方法 2
        print("当前 Thread 对象:\t", threading.currentThread())
        print("当前处于 alive 状态的所有 Thread 对象列表:\t", threading.
                enumerate())
        print("返回主线程对象:\t", threading.main_thread())
t.start()    #启动线程
        print("用来读取或者设置线程的名字:\t", t.name)  #获取线程名
        print("线程标识:\t", t.ident)
        print("线程是否是守护线程(返回结果是布尔值):\t", t.daemon)
        ##方法 1
        print("测试线程是否处于 alive 状态:\t", t.is_alive())
        ##方法 2
        print("测试线程是否处于 alive 状态:\t", t.isAlive())
if __name__=='__main__':
    main()
```

【例 7-3】使用 threading 模块实现多线程的打印时间输出。

```
import threading
import time
exitFlag=0
class myThread(threading.Thread):
    def __init__(self, threadID, name, counter):
        threading.Thread.__init__(self)
        self.threadID=threadID
        self.name=name
        self.counter=counter
    def run(self):
        print("开始线程：" + self.name)
        print_time(self.name, self.counter, 5)
        print("退出线程：" + self.name)
def print_time(threadName, delay, counter):
    while counter:
        if exitFlag:
            threadName.exit()
        time.sleep(delay)
        print("%s: %s" %(threadName, time.ctime(time.time())))
        counter-=1
#创建新线程
thread1=myThread(1, "Thread-1", 1)
thread2=myThread(2, "Thread-2", 2)
#开启新线程
thread1.start()
thread2.start()
thread1.join()
thread2.join()
print("退出主线程")
```

程序的执行结果如下：

```
开始线程：Thread-1
开始线程：Thread-2
Thread-1: Wed Apr  6 11:46:46 2019
Thread-1: Wed Apr  6 11:46:47 2019
Thread-2: Wed Apr  6 11:46:47 2019
Thread-1: Wed Apr  6 11:46:48 2019
Thread-1: Wed Apr  6 11:46:49 2019
Thread-2: Wed Apr  6 11:46:49 2019
Thread-1: Wed Apr  6 11:46:50 2019
退出线程：Thread-1
Thread-2: Wed Apr  6 11:46:51 2019
Thread-2: Wed Apr  6 11:46:53 2019
Thread-2: Wed Apr  6 11:46:55 2019
退出线程：Thread-2
退出主线程
```

【例 7-4】使用 threading 模块实现多线程的测试。

```
import time
import threading   #导入 threading 模块
'''
定义线程子类
线程子类包含__init__()和 run()
'''
class MyThread(threading.Thread):
    '''
    threading.Thread 的子类必须重写父类的__init__()和 run()方法,
并且在子类的__init__()方法中，要调用父类的__init__()
    '''
    def __init__(self):
        threading.Thread.__init__(self)
    def run(self):  #定义每个线程要运行的函数
        print("线程开始:\t", self.name)
def main():
    t1=MyThread()
    t1.start()
    print("用来读取或者设置线程的名字:\t", t1.name)
    print("线程标识:\t", t1.ident)
    print("线程是否是守护线程(返回结果是布尔值):\t", t1.daemon)
    ##方法 1
    print("测试线程是否处于 alive 状态:\t", t1.is_alive())
    ##方法 2
    print("测试线程是否处于 alive 状态:\t", t1.isAlive())
    t2=MyThread()
    t2.start()
    print("用来读取或者设置线程的名字:\t", t2.name)
    print("线程标识:\t", t2.ident)
    print("线程是否是守护线程(返回结果是布尔值):\t", t2.daemon)
    ##方法 1
    print("测试线程是否处于 alive 状态:\t", t2.is_alive())
    ##方法 2
    print("测试线程是否处于 alive 状态:\t", t2.isAlive())
if __name__=='__main__':
    main()
```

7.5 线程的同步

如果多个线程共同对某个数据进行修改，则可能出现不可预料的结果，为了保证数据的正确性，需要对多个线程进行同步。使用 threading 模块自带的 Lock 和 Rlock 类可以实现简单的线程同步，这两个对象都有 acquire()方法和 release()方法。对于那些每次只允许一个线程操作的数据，可以将其操作放到 acquire()和 release()方法之间。

多线程的优势在于可以同时运行多个任务，但是，当线程需要共享数据时，可能存在数据不同步的问题。为了避免数据不同步的情况，引入了锁的概念。锁有两种状态——锁定和未锁定。每当一个线程如 thread2 要访问共享数据时，必须先获得锁定；如果已经有别的线程如 thread1 获得锁定了，那么就让线程 thread2 暂停，也就是同步阻塞；等到线程 thread1 访问完毕，释放锁以后，再让线程 thread2 继续。

【例 7-5】 线程的同步实现。

```
import threading
import time
class myThread(threading.Thread):
   def __init__(self, threadID, name, counter):
      threading.Thread.__init__(self)
      self.threadID=threadID
      self.name=name
      self.counter=counter
   def run(self):
      print("开启线程： " + self.name)
      #获取锁，用于线程同步
      threadLock.acquire()
      print_time(self.name, self.counter, 3)
      #释放锁，开启下一个线程
      threadLock.release()
def print_time(threadName, delay, counter):
   while counter:
      time.sleep(delay)
      print("%s: %s" %(threadName, time.ctime(time.time())))
      counter-=1
threadLock=threading.Lock()
threads=[]
#创建新线程
thread1=myThread(1, "Thread-1", 1)
thread2=myThread(2, "Thread-2", 2)
#开启新线程
thread1.start()
thread2.start()
#添加线程到线程列表
threads.append(thread1)
threads.append(thread2)
#等待所有线程完成
for t in threads:
   t.join()
print("退出主线程")
```

执行以上程序，输出结果为：

```
开启线程： Thread-1
开启线程： Thread-2
Thread-1: Wed Apr  6 11:52:57 2019
Thread-1: Wed Apr  6 11:52:58 2019
```

```
Thread-1: Wed Apr  6 11:52:59 2019
Thread-2: Wed Apr  6 11:53:01 2019
Thread-2: Wed Apr  6 11:53:03 2019
Thread-2: Wed Apr  6 11:53:05 2019
退出主线程
```

7.6　线程优先级队列

Python 的 Queue 模块中提供了同步的、线程安全的队列类，包括 FIFO(先入先出)队列 Queue、LIFO(后入先出)队列 LifoQueue 和优先级队列 PriorityQueue。这些队列都实现了锁原语，能够在多线程中直接使用，可以使用队列来实现线程间的同步。Queue 模块中的常用方法如下。

Queue.qsize()：返回队列的大小。

Queue.empty()：如果队列为空，返回 True，否则，返回 False。

Queue.full()：如果队列满了，返回 True，否则，返回 False。

Queue.full：与 maxsize 大小对应。

Queue.get([block[, timeout]])：获取队列，timeout 为等待时间。

Queue.get_nowait()：相当于 Queue.get(False)。

Queue.put(item)：写入队列，timeout 为等待时间。

Queue.put_nowait(item)：相当于 Queue.put(item, False)。

Queue.task_done()：在完成一项工作之后，Queue.task_done()函数向任务已经完成的队列发送一个信号。

Queue.join()：实际上意味着等到队列为空，再执行别的操作。

【例 7-6】线程优先级队列操作。

```
import queue
import threading
import time
exitFlag=0
class myThread(threading.Thread):
   def __init__(self, threadID, name, q):
      threading.Thread.__init__(self)
      self.threadID=threadID
      self.name=name
      self.q=q
   def run(self):
      print("开启线程: " + self.name)
      process_data(self.name, self.q)
      print("退出线程: " + self.name)
   def process_data(threadName, q):
   while not exitFlag:
      queueLock.acquire()
      if not workQueue.empty():
         data=q.get()
```

```
            queueLock.release()
            print("%s processing %s" %(threadName, data))
        else:
            queueLock.release()
        time.sleep(1)
threadList=["Thread-1", "Thread-2", "Thread-3"]
nameList=["One", "Two", "Three", "Four", "Five"]
queueLock=threading.Lock()
workQueue=queue.Queue(10)
threads=[]
threadID=1

#创建新线程
for tName in threadList:
    thread=myThread(threadID, tName, workQueue)
    thread.start()
    threads.append(thread)
    threadID+=1

#填充队列
queueLock.acquire()
for word in nameList:
    workQueue.put(word)
queueLock.release()

#等待队列清空
while not workQueue.empty():
    pass
#通知线程是时候退出
exitFlag=1
#等待所有线程完成
for t in threads:
    t.join()
print("退出主线程")
```

程序的执行结果如下：

```
开启线程：Thread-1
开启线程：Thread-2
开启线程：Thread-3
Thread-3 processing One
Thread-1 processing Two
Thread-2 processing Three
Thread-3 processing Four
Thread-1 processing Five
退出线程：Thread-3
退出线程：Thread-2
退出线程：Thread-1
退出主线程
```

7.7　创建进程的常用方式

在 Python 中有多个模块可以创建进程，比较常用的有 os.fork()函数、multiprocessing 模块和 Pool 进程池。由于 os.fork()函数只适用于在 UNIX/Linux/Mac 系统上运行，在 Windows 操作系统中不可用，所以本章重点介绍 multiprocessing 模块和 Pool 进程池这两个跨平台模块。

7.7.1　使用 multiprocessing 模块创建进程

multprocessing 模块提供了一个 Process 类来代表一个进程对象，语法如下：

```
Process( [group [, target [, name [, args [, kwargs]]]]])
```

Process 类的参数说明如下。

group：参数未使用，值始终为 None。

target：表示当前进程启动时执行的可调用对象。

name：为当前进程实例的别名。

args：表示传递给 target 函数的参数元组。

kwargs：表示传递给 target 函数的参数字典。

【例 7-7】使用 multiprocessing 模块创建进程。

```
import os
import multiprocessing
def info(title):
    print(title)
    print(__name__)
    print("father ppid:\t", os.getppid())
    print("self pid:\t", os.getpid())
    print('-' * 20)
if __name__=="__main__":
    info("wanson")
    #多进程
    p=multiprocessing.Process(target=info, args=("Andrew",))
    p.start()    #启动进程
    p.join()     #父亲进程必须等待子进程干完活，执行后续代码
    print("hello,wanson")
```

7.7.2　使用 Process 子类创建进程

对于一些简单的小任务，通常使用 Process(target=info) 方式实现多进程。但是如果要处理复杂任务的进程，通常定义一个类，使其继承 Process 类，每次实例化这个类的时候，就等同于实例化一个进程对象。通过一个示例演示如何使用 Process 子类创建多个进程。

【例 7-8】使用 Process 子类创建进程。

```
import multiprocessing
import os
#定义继承 Process 的子类，重写其 run()方法准备作为进程执行体
```

```
class MyProcess(multiprocessing.Process):
    def __init__(self, num):
        self.num=num
        super().__init__()
    #重写 run()方法作为进程执行体
    def run(self):
        for i in range(self.num):
            print("(%s)子进程(父进程:\t(%s)):%d\t" %(os.getpid(), os.getppid(), i))
#主程序或者主进程
if __name__=='__main__':
    for i in range(100):
        print("(%s)主进程:\t%d" %(os.getpid(), i))
        if i==20:
            #创建进程
            mp01=MyProcess(100)
            #启动进程
            mp01.start()
            #创建进程
            mp02=MyProcess(100)
            #启动进程
            mp02.start()
            mp02.join()
    print("主进程执行完成")
```

上述代码定义了一个 MyProcess 子类，继承 multprocess.Process 类。MyProcess 子类中定义了两个方法：__init__()初始化构造方法和 run()方法。在__init__()方法中，调用 multiprocss.Process 类的__init__()方法，否则父类初始化方法会被覆盖，无法开启进程。此外，在 MyProcess 子类中并没有定义 start()方法，但在主进程中却调用了 start()方法，此时就会自动执行 MyProcess 类的 run()方法。

7.7.3　使用 Pool 进程池创建进程

前面我们使用 Process 类创建了少量进程。如果要创建几十个或者上百个进程，则需要实例化更多个 Process 类。有没有更好的创建进程的方式解决这类问题呢？答案就是使用 multiprocessing 模块提供的 Pool 类，即 Pool 进程池。Pool 类的常用方法及说明如下。

Apply_async(func[,args[,kwds]])：使用非阻塞方式调用 func()函数(并行执行，堵塞方式必须等待上一个进程退出才能执行下一个进程)，args 为传递给 func()函数的参数列表，kwds 为传递给 func()函数的关键字参数列表。

apply(func[,args[,kwds]])：使用阻塞方式调用 func()函数。

close()：关闭 Pool，使其不再接受新的任务。

terminate()：不管任务是否完成，立即终止。

join()：主进程阻塞，等待子进程的退出，必须在 close 或 terminate 之后使用。

【例 7-9】使用 Pool 进程池创建进程。

```
import multiprocessing
from multiprocessing import Pool
import os, time
```

```
def handle_task_func(name):
    print("子进程(%s)执行 task %s...\t" %(os.getpid(), name))
    #休眠 10 秒
    time.sleep(3)
def main():
    print('父进程(%s).' % os.getpid())
    #定义一个线程池，最大进程数 5
    pool=Pool(5)
    #从 0 开始循环 10 次
    for i in range(100):
        #使用非阻塞方式调用 handle_task_func()函数
        pool.apply_async(handle_task_func, args=(i,))
    print('等待所有子进程结束。')
    #关闭进程池，关闭后 pool 不再接收新的请求
    pool.close()
    #等待子进程结束
    pool.join()
    print('所有子进程结束。)
if __name__=='__main__':
    main()
```

本 章 小 结

(1)线程是进程中执行运算的最小单位，是进程中的一个实体，是被系统独立调度和分派的基本单位，进程的基本状态有运行、阻塞、挂起阻塞、就绪和挂起就绪。

(2)当有多个线程的时候，经常需要同步这些线程以访问同一个数据或资源，Python 中使用线程有两种方式：函数或者用类来包装线程对象。Python 3 通过两个标准库_thread 和 threading 提供对线程的支持。

(3)Python 的 Queue 模块中提供了同步的、线程安全的队列类，包括 FIFO 队列 Queue、LIFO 队列 LifoQueue 和优先级队列 PriorityQueue。这些队列都实现了锁原语，能够在多线程中直接使用，可以使用队列来实现线程间的同步。

(4)如果多个线程共同对某个数据进行修改，则可能出现不可预料的结果，为了保证数据的正确性，需要对多个线程进行同步。使用 Thread 对象的 Lock 和 Rlock 可以实现简单的线程同步，这两个对象都有 acquire 方法和 release 方法。

实　　验

1．使用 Python 开发实现轮盘抽奖工具小软件。(参阅 IT 社区 https://blog.csdn.net)

程序代码如下：(参考 IT 技术社区 https://blog.csdn.net/weixin_43820267/article/month/2018/12)

```
import tkinter
import time
```

```
import threading

class choujiang:
  #初始化魔术方法
  def __init__(self):
    #准备好界面
    self.root=tkinter.Tk()
    self.root.title('转盘抽奖小工具')
    self.root.minsize(300, 300)
    #声明一个是否按下开始的变量
    self.isloop=False
    self.newloop=False
    #调用设置界面的方法
    self.setwindow()
    self.root.mainloop()

  #界面布局方法
  def setwindow(self):
    #开始停止按钮
    self.btn_start=tkinter.Button(self.root, text='开始抽奖/结束抽奖',
                     command=self.newtask)
    self.btn_start.place(x=90, y=125, width=150, height=50)
    self.btn1=tkinter.Button(self.root, text='汪圆', bg='red')
    self.btn1.place(x=20, y=20, width=50, height=50)
    self.btn2=tkinter.Button(self.root, text='丁玲', bg='white')
    self.btn2.place(x=90, y=20, width=50, height=50)
    self.btn3=tkinter.Button(self.root, text='孙涛', bg='white')
    self.btn3.place(x=160, y=20, width=50, height=50)
    self.btn4=tkinter.Button(self.root, text='那英', bg='white')
    self.btn4.place(x=230, y=20, width=50, height=50)
    self.btn5=tkinter.Button(self.root, text='王菲', bg='white')
    self.btn5.place(x=230, y=90, width=50, height=50)
    self.btn6=tkinter.Button(self.root, text='吴云', bg='white')
    self.btn6.place(x=230, y=160, width=50, height=50)
    self.btn7=tkinter.Button(self.root, text='郑博', bg='white')
    self.btn7.place(x=230, y=230, width=50, height=50)
    self.btn8=tkinter.Button(self.root, text='王磊', bg='white')
    self.btn8.place(x=160, y=230, width=50, height=50)
    self.btn9=tkinter.Button(self.root, text='冯冲', bg='white')
    self.btn9.place(x=90, y=230, width=50, height=50)
    self.btn10=tkinter.Button(self.root, text='陈莉', bg='white')
    self.btn10.place(x=20, y=230, width=50, height=50)
    self.btn11=tkinter.Button(self.root, text='潘玉', bg='white')
    self.btn11.place(x=20, y=160, width=50, height=50)

    self.btn12=tkinter.Button(self.root, text='杨阳', bg='white')
    self.btn12.place(x=20, y=90, width=50, height=50)

    #将所有选项组成列表
    self.girlfrends=[self.btn1,self.btn2,self.btn3,self.btn4,self.btn5,self.btn6,
       self.btn7,self.btn8,self.btn9,self.btn10,self.btn11,self.btn12]
```

```
    def rounds(self):
      #判断是否开始循环
      if self.isloop==True:
        return
      #初始化计数变量
      i=0
      #死循环
      while True:
        if self.newloop==True:
          self.newloop=False
          return
        #延时操作
        time.sleep(0.1)
        #将所有的组件背景变为白色
        for x in self.girlfrends:
          x['bg']='white'
        #将当前数值对应的组件变色
        self.girlfrends[i]['bg']='red'
        #变量+1
        i+=1
        #如果i大于最大索引直接归零
        if i>=len(self.girlfrends):
          i=0
    #建立一个新线程的函数
    def newtask(self):
      if self.isloop==False:
        #建立线程
        t=threading.Thread(target=self.rounds)
        #开启线程运行
        t.start()
        #设置循环开始标志
        self.isloop=True
      elif self.isloop==True:
        self.isloop=False
        self.newloop=True
  c=choujiang()
```

运行界面如图 7.1 所示。

图 7.1　实验结果运行界面

习　题　7

1．什么是进程，什么是线程？

2．简述多线程、多进程的概念。

3．创建两个线程，其中一个输出 1～52，另外一个输出 A～Z。输出格式要求：12A 34B 56C 78D。

4．计算 1～5000 中所有素数的和，要求如下：

(1)编写函数判断一个数字是否为素数，对比使用多进程和不使用多进程两种方法的速度。

(2)使用内置函数 sum()统计所有素数的和，对比开启 4 个多进程和开启 10 个多进程两种方法的速度。

第 8 章　Python 异常处理

学习目标

理解异常的概念；掌握处理异常的几种方式；掌握 raise 和 assert 语句，会抛出自定义异常。

教学重点及难点

重点：掌握处理异常的几种方式，掌握 raise 和 assert 语句，会抛出自定义异常。
难点：掌握处理异常的几种方式，会抛出自定义异常。

8.1　Python 错误和异常

异常是一个事件，该事件会在程序执行过程中发生，会影响程序的正常执行。一般情况下，在 Python 无法正常处理程序时就会发生一个异常。异常就是程序运行时发生错误的信号，在程序出现错误的时候，则会产生一个异常，若程序没有处理它，则会抛出该异常，程序的运行也随之终止。Python 有两种错误很容易辨认：语法错误和异常。

1) 语法错误

Python 的语法错误或者称为解析错，是初学者经常碰到的，这种错误过不了 Python 解释器的语法检测，必须在程序执行前就改正。

【例 8-1】 语法错误示例。

```
>>>while True print('Hello world')
  File "<stdin>", line 1, in ?
    while True print('Hello world')
SyntaxError: invalid syntax
```

语法分析器会输出出现语法错误的那一行，并显示一个箭头，指向这行里面检测到的第一个错误。在例 8-1 中，函数 print() 被检查到有错误，因为它前面缺少了一个冒号(:)。文件名和行号也会被输出，以便用户检查。

常见语法错误如表 8.1 所示。

表 8.1　常见语法错误

常见语法错误	描述
AttributeError	试图访问一个对象没有的属性，如 star.y，但是 star 没有属性 y
IOError	输入/输出异常，基本上是无法打开文件
ImportError	无法引入模块或包，基本上是路径问题或名称错误
IndentationError	语法错误(的子类)，代码没有正确对齐

续表

常见语法错误	描述
IndexError	下标索引超出序列边界，如当 a 只有三个元素时，却试图访问 a[10]
KeyError	试图访问字典里不存在的键
KeyboardInterrupt	中断，等于 Ctrl+C 键被按下
NameError	使用一个还未被赋予对象的变量
SyntaxError Python	代码非法，代码不能编译
TypeError	传入对象类型与要求的不符合
UnboundLocalError	试图访问一个还未被设置的局部变量
ValueError	传入一个调用者不期望的值，即使值的类型是正确的

2) 异常

即便 Python 程序的语法是正确的，在运行它的时候，也有可能发生错误。运行期检测到的错误称为异常，大多数的异常都不会被程序处理，都以错误信息形式展现。

【例 8-2】 运算异常示例。

```
>>>120*(5/0)
Traceback(most recent call last):
  File "<stdin>", line 1, in ?
ZeroDivisionError: division by zero
>>> 4+moo*3
Traceback(most recent call last):
  File "<stdin>", line 1, in ?
NameError: name 'moo' is not defined
>>> '26'+2
Traceback(most recent call last):
  File "<stdin>", line 1, in ?
TypeError: Can't convert 'int' object to str implicitly
```

运行结果返回的错误信息能够告诉用户程序遇到了什么类型的错误。异常有不同的类型，而其类型名称将会作为错误信息的一部分打印出来。上述示例中的异常类型依次是 Traceback、ZeroDivisionError、NameError 和 TypeError，作为异常类型打印的字符串是内置异常的名称。

8.2　Python 异常语句

1) try...except

写程序的时候，有时会出现一些错误或异常，导致程序终止。try…except 语句定义了监控异常的一段代码，并且提供了处理异常的机制。最简单的 try…except 语句格式如下：

```
try:
    #语句块
except:
    #异常处理代码
```

当 try 里面的代码出现错误的时候，程序就不再继续执行 try 中的语句，而是直接执行 except 里面处理异常的语句。图 8.1 描述了简单异常捕获过程。

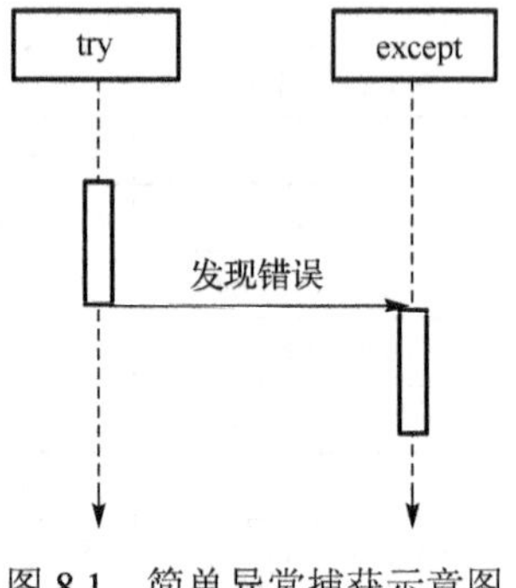

图 8.1　简单异常捕获示意图

例如，做除法时，除数为 0，会引起 ZeroDivisionError。

【例 8-3】算术除法异常示例。

```
a=120
b=0
c=a/b
print("end")
```

运行结果：

```
c=a/b
ZeroDivisionError: division by zero
```

程序因为 ZeroDivisionError 而中断了，语句“print("end")”没有运行。为了处理异常，使用 try...except 更改代码。

【例 8-4】算术除法异常处理。

```
a=10
b=0
try:
   c=a/b
   print(c)
except ZeroDivisionError as e:
   print(e)
print("end")
```

运行结果：

```
division by zero
done
```

这样程序就不会因为异常而中断，从而“print("end")”语句正常执行。

一般进行编程时，把可能发生错误的语句放在 try 模块里，用 except 来处理异常。except 可以处理一个专门的异常，也可以处理一组圆括号中的异常，如果 except 后没有指定异常，则默认处理所有的异常。每一个 try 都必须至少有一个 except，处理一组异常时，可以按照例 8-5 进行书写。

【例 8-5】异常处理示例。

```
try:
   pass
except(IOError,ZeroDivisionError) as e:
   print(e)
```

在例 8-5 中，e 代表异常的实例，关于 try ...except...else 语句，需要说明的是，当没有发生异常时，else 中的语句将会被执行。

【例 8-6】运算异常处理示例。

```
a=10
b=0
try:
    c=b/a
    print(c)
except(IOError ,ZeroDivisionError) as x:
    print(x)
else:
    print("no error")
print("end")
```

运行结果：

```
0.0
no error
end
```

注意：在执行 try 语句时，如果没有异常发生，则跳过 except 子句并完成 try 语句的执行；如果在执行 try 子句时发生了异常，则跳过该子句中剩下的部分，然后，如果异常的类型和 except 关键字后面的异常匹配，则执行 except 子句，随后继续执行 try 语句之后的代码。如果发生的异常和 except 子句中指定的异常不匹配，则将其传递到外部的 try 语句中。一个 try 语句可能有多个 except 子句，以指定不同异常的处理程序，最多会执行一个处理程序。处理程序只处理相应的 try 子句中发生的异常，而不处理同一 try 语句内其他处理程序中的异常。

2) raise 引发一个异常

raise语句允许程序员强制发生指定的异常，其唯一的参数就是要抛出的异常。这个参数必须是一个异常实例或者是一个异常类，派生自 Exception 父类。如果传递的是一个异常类，它将通过调用没有参数的构造函数来隐式实例化。

【例 8-7】值异常示例。

```
inputValue=int(input("请输入一个整数:"))
if type(inputValue)!=type(1):
    raise ValueError
else:
    print(inputValue)
```

假设输入 4.89，运行结果为：

```
请输入一个整数:4.89
ValueError: invalid literal for int() with base 10: '4.89'
>>> Traceback(most recent call last):
  File "<stdin>", line 1, in<module>
```

如果输入 10，运行结果为：

```
please input a int data:10
10
```

3) try ...finally

无论异常是否发生，在程序结束前，finally 中的语句都会被执行。

【例 8-8】 异常示例。

```
a=100
b=0
try:
    print(a/b)
finally:
    print("always execute")
```

运行结果：

```
Traceback(most recent call last):
always execute
print a/b
ZeroDivisionError: division by zero
```

虽然有异常发生，但在程序终止前，finally 中的语句也能正常执行。finally 语句也可以和 except 语句一起使用。

【例 8-9】 异常捕获与处理。

```
a=10
b=0
try:
    print(a/b)
except:
    print("error")
finally:
    print("always execute")
```

运行结果：

```
Error
always execute
```

8.3　自定义异常类

除了使用系统自带的异常类型，也可以自定义异常类，异常类继承自 Exception 类。例如，自定义一个 DefException 类，继承 Exception。

【例 8-10】 自定义异常类。

```
class DefException(Exception):
    def __init__(self,message):
        Exception.__init__(self)
        self.message=message
```

如果输入的数字小于 26，就引发一个 DefException 异常。

```
a=eval(input("请输入一个数值:"))
if a<26:
    try:
        raise DefException("The exception is raised")
    except DefException as e:
        print(e.message)
```

运行结果：

```
please input a num:24
The exception is raised
```

8.4　Python 的标准异常类

在 Python 中不同的异常可以使用不同的类型去标识，一个异常标识一种错误。异常处理的作用是：不想让程序终止；如果信息出错了，需要特殊处理。Python 中常用的标准异常类如表 8.2 所示。

表 8.2　Python 中常用的标准异常类

异常名称	描述
BaseException	所有异常的基类
SystemExit	解释器请求退出
KeyboardInterrupt	用户中断执行
Exception	常规错误的基类
StopIteration	迭代器没有更多的值
ArithmeticError	所有数值计算错误的基类
FloatingPointError	浮点计算错误
OverflowError	数值运算超出最大限制
ZeroDivisionError	除(或取模)零
AssertionError	断言语句失败
AttributeError	对象没有这个属性
EOFError	没有内建输入，到达 EOF 标记
IOError	输入/输出操作失败
OSError	操作系统错误
WindowsError	系统调用失败
ImportError	导入模块/对象失败
KeyboardInterrupt	用户中断执行(通常输入 Ctrl+C 实现中断)
IndexError	序列中没有此索引(index)
KeyError	映射中没有这个键
NameError	未声明/初始化对象(没有属性)
RuntimeError	一般的运行时错误
SyntaxError	Python 语法错误
IndentationError	缩进错误
TabError Tab	和空格混用

续表

异常名称	描述
SystemError	一般的解释器系统错误
TypeError	对类型无效的操作
ValueError	传入无效的参数
UnicodeError	Unicode 相关的错误
Warning	警告的基类

本 章 小 结

(1)一个 try 语句可能包含多个 except 子句，分别处理不同的特定异常，最多只有一个分支会被执行。处理程序将只针对对应的 try 子句中的异常进行处理，而不是其他的 try 处理程序中的异常。

(2)即便 Python 程序的语法是正确的，在运行它的时候，也有可能发生错误，运行期检测到的错误称为异常。

(3)使用 raise 语句抛出一个指定的异常。

(4)大多数的异常都不会被程序处理，都以错误信息的形式展现在这里。

实　　验

1．处理猜数字游戏中的异常情况，随机取 1～10，让用户猜，程序如下：

```
import random
num=random.randint(1,10)
while True:
    guess=int(input('Enter 1-10:'))
    if guess>num:
        print('您猜的数值偏大')
    elif guess<num:
        print('您猜的数值偏小')
    else:
        print('您太棒了，猜对了！')
        break
```

运行结果如下：

```
Enter 1-10: 5
您猜的数值偏小

Enter 1-10: 9
您猜的数值偏大

Enter 1-10: 8
您猜的数值偏大
```

```
Enter 1-10: 6
您太棒了，猜对了！
```

以上程序是没有异常保护的，若正常输入则没有问题，但是若用户恶意输入 sky 或者非数字，就会产生如下问题：

```
ValueError: invalid literal for int() with base 10: 'sky'
```

所以，为了保证程序的严谨性，就要加入异常处理，加入异常处理后的程序代码如下：

```
import random
num=random.randint(1,10)
while True:
    try:
        guess=int(input('Enter 1-10:'))
    except Exception as e:
        print('输入错误，请输入 1-10 之间的数字。')
        continue
    if guess>num:
        print('您猜的数值偏大')
    elif guess<num:
        print('您猜的数值偏小')
    else:
        print('您太棒了，猜对了！')
        break
```

习　题　8

1．在 Python 中，什么是错误，什么是异常，错误和异常之间有何区别？

2．定义一个异常类，继承 Exception 类，捕获下面的过程：判断 input()输入的字符串长度是否小于 6，如果小于 6，如输入长度为 2 则输出 yes，大于 6 则输出 no。

3．使用 try...except 语句定义一个函数 func(list_a)，list_a 为列表，list_a = [32, 68, 46, 49, 122, 78, 9, 21]，返回列表中小于 100 且为偶数的数。

第 9 章　Python 数据库操作

学习目标

理解 Python 与 MySQL 连接的工作原理；掌握 PyMySQL 的安装方法；掌握数据库连接的方法；掌握创建数据库表以及数据库的常用操作。

教学重点及难点

重点：掌握 PyMySQL 的安装方法，掌握数据库连接的方法。

难点：理解 Python 与 MySQL 连接的工作原理。

使用简单的纯文本文件只能实现有限的功能，如果要处理数据量大并且容易让程序员理解的任务，可以选择相对标准化的数据库。Python 标准的数据库接口简称为 Python DB-API（database-application programming interface），大多数 Python 数据库接口使用这个标准。依据实际任务的需要，可以选择适合应用的数据库。

Python 数据库 API 支持 MySQL、PostgreSQL、Microsoft SQL Server 2000、Oracle 和 Sybase 等多种类型的数据库服务器。当使用 Python 访问数据库时，必须下载 DB-API 模块。例如，如果需要访问 MySQL 数据库，必须下载 MySQL 数据库模块。

本章主要讲述 Python 与 MySQL 数据库之间连接的相关知识。

9.1　什么是 PyMySQL

为了使 Python 连接上数据库，需要一个驱动，这个驱动是用于与数据库交互的库。PyMySQL 就是一个使 Python 连接至 MySQL 的库，它是一个纯 Python 库。需要注意的是，Python 3.0 以后的版本所使用的 MySQL 的接口包是 PyMySQL 模块，本书使用 Python 3.6 版本，所以使用 PyMySQL 模块。

Python 操作数据库，需要一个类似 PyMySQL 这样的中间层，这些中间层抽象了具体的实现，提供了统一的 API 供开发者使用。在使用 PyMySQL 之前，我们需要确保 PyMySQL 已安装。如果还未安装，可以通过以下方法安装最新版的 PyMySQL。

打开 Anaconda Prompt 窗口（命令提示符），运行语句：

```
pip install pymysql
```

运行结果如图 9.1 所示。

安装成功之后，如果查看 PyMySQL 版本信息，运行以下语句：

```
pip show pymysql
```

查看结果，如图 9.2 所示。

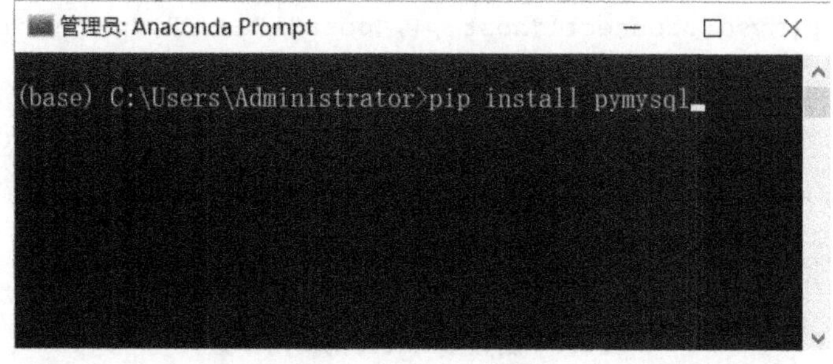

图 9.1　运行结果图

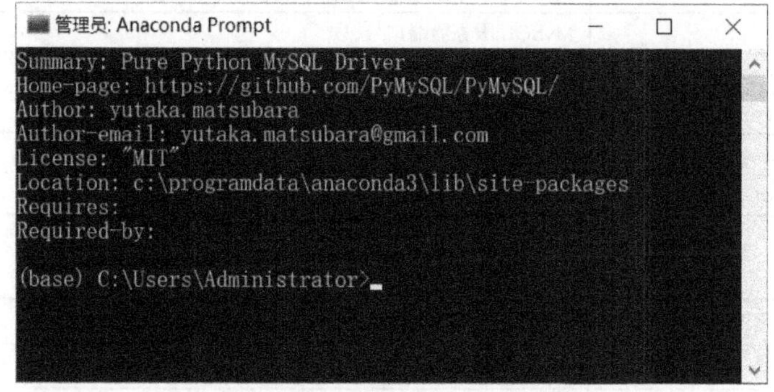

图 9.2　查看 PyMySQL 版本信息图

9.2　使用 PyMySQL

在 Python 环境下，新建一个 Python 文件(*.py)后，如果需要使用 PyMySQL，首先导入 PyMySQL。导入 PyMySQL 库的语句是 import pymysql。如果编译未出错，表示 PyMySQL 安装成功。如果产生以下结果，意味着未成功安装 PyMySQL 模块。

```
Traceback(most recent call last):
  File "test.py", line 3, inimport PyMySQL
ImportError: No module named PyMySQL
```

9.3　数据库连接

当使用 Python 开发项目的时候，经常需要使用数据库存储数据。所以，连接数据库并能够灵活地处理数据库特别重要，要使用底层的数据库，必须先连接它。

9.3.1　创建连接对象

使用函数 connect()连接数据库。connect()函数接收多个参数，具体参数取决于要使用的数据库。DB-API 定义了一些常用的参数，如表 9.1 所示。

函数 connect()返回一个连接对象，表示当前到数据库的会话。

语法格式如下：

```
连接名=pymysql.connect("host",[,"port"]"user","password","database"
[," charset "] )
```

例如，创建一个连接 db，连接到本机的“教学管理”数据库，用户名为 root，密码为 root。

```
db=PyMYSQL.connect("localhost","root","root","教学管理" )
```

连接对象支持多种方法，如表 9.2 所示。

表 9.1　函数 connect 的常用参数

参数名	描述	是否必选
host	MySQL 服务器地址，连接本机就是 localhost	是
port	MySQL 服务器端口号	否
user	用户名	是
password	密码	是
database	数据库名称	是
charset	连接编号	否

表 9.2　连接对象的方法

方法名	描述
close()	关闭连接对象。之后，连接对象及其游标不可用
commit()	提交未提交的事务
rollback()	回滚未提交的事务
cursor()	返回连接的游标对象

9.3.2　创建游标对象

游标对象用来执行 SQL 查询和查看结果，使用方法 cousor()获取游标对象。游标支持的方法比连接多，常用方法如表 9.3 所示。

表 9.3　游标对象的方法

方法名	描述
callproc(name [,params])	使用指定的参数调用指定的数据库过程(可选)
close()	关闭游标，如关闭后，游标将不可用
execute(oper [,params])	执行一个 SQL 操作
fetchone()	以序列方式取回查询结果中的下一行；如果没有更多行，就返回 None
fetmany([size])	取回查询结果中的多行
fetchall()	以序列的方式取回余下的所有行
nextset()	跳到下一个结果集
setinputsizes(sizes)	用于为参数预定义内存区域

在 9.3.1 节创建连接对象 db 的基础上，游标方法的使用代码如下：

```
import pymysql
db=pymysql.connect("localhost","root","123456","教学管理" )
cursor=db.cursor()                  #获取游标对象
sql="select * from 学生"            #sql 查询语句
```

```
cursor.execute(sql)                #执行 sql 语句
res=cursor.fetchone()              #获取一个结果
print(res)
res=cursor.fetchmany(2)            #获取两个结果
print(res)
res=cursor.fetchall()              #获取剩下所有的结果
print(res)
```

下面通过例子来学习连接数据库的方法，连接到一个 MySQL 数据库之前确保已经建立了一个数据库。

【例 9-1】已经创建了一个数据库“教学管理”，数据库用户 ID 为 root，密码为 123456，通过该用户 ID 和密码访问数据库“教学管理”。

具体连接代码如下：

```
import pymysql
#打开数据库连接
db=pymysql.connect("localhost","root","root","教学管理" )
#使用 cursor() 方法创建一个游标对象 cursor
cursor=db.cursor()
#使用 execute()  方法执行 SQL 查询
cursor.execute("SELECT VERSION()")
#使用 fetchone() 方法获取单条数据
data=cursor.fetchone()
print("Database version: %s " % data)
#关闭数据库连接
db.close()
```

执行以上语句，输出结果如下：

```
Database version: 5.7.10-log
```

注意：Python 模块 PyMySQL 在计算机上已正确安装。

9.4　创建数据库表

如果数据库连接成功，可以使用 execute()方法来为数据库创建表。

【例 9-2】创建学生表“学生(学号，姓名，性别，年龄，班级号)”，其中，学号为主键。

具体代码如下：

```
import pymysql
#打开数据库连接
db=pymysql.connect("localhost","root","root","教学管理" )
#使用 cursor()方法创建一个游标对象 cursor
cursor=db.cursor()
#使用 execute()方法执行 SQL，如果表存在则删除
cursor.execute("DROP TABLE IF EXISTS 学生")
#使用预处理语句创建表
sql="CREATE TABLE 学生(
```

```
学号 char(10) primary key,
姓名 varchar(20),
性别 char(2) default '男',
年龄 tinyint default 18,
班级号  char(10))"
cursor.execute(sql)
#关闭数据库连接
db.close()
```

执行以上语句之后，就在“教学管理”数据库中创建了一个“学生”表。创建好的表结构如图 9.3 所示。

学号	姓名	性别	年龄	班级号
(Null)	(Null)	(Null)	(Null)	(Null)

图 9.3　“学生”表

9.5　数据库表插入、更新和删除操作

数据库表中的插入、更新和删除操作的一般步骤如下：

(1) 建立数据库连接。

(2) 创建游标对象 cursor，使用 cursor.execute(sql) 执行 SQL 的 insert、update 和 delete 等语句完成数据库记录的插入、更新和删除操作，并根据返回值判断操作结果。

(3) 提交操作。

(4) 关闭连接。

9.5.1　数据库表插入操作

插入操作为向数据表中添加数据记录。

【例 9-3】使用 INSERT INTO 语句向“学生”表插入记录，程序代码如下：

```
import pymysql
#打开数据库连接
db=pymysql.connect("localhost","root","root","教学管理" )
#使用 cursor()方法获取操作游标
cursor=db.cursor()
#SQL 插入语句
sql="INSERT INTO 学生 VALUES('1001', '张鸣', '女', 19,'001')"
try:
   #执行 SQL 语句
   cursor.execute(sql)
   #提交到数据库执行
   db.commit()
except:
   #如果发生错误则回滚
   db.rollback()
#关闭数据库连接
db.close()
```

以上例子也可以写成如下形式：

```
import pymysql
#打开数据库连接
db=pymysql.connect("localhost","root","root","教学管理" )
#使用 cursor()方法获取操作游标
cursor=db.cursor()
#SQL 插入语句
sql="INSERT INTO EMPLOYEE(学号, 姓名, 性别, 年龄, 班级号) \
       VALUES('%s', '%s',  %s,  '%s',  %s)" % \
      ('1001', '张鸣', '女', 19,'001')
try:
   #执行 SQL 语句
   cursor.execute(sql)
   #执行 SQL 语句
   db.commit()
except:
   #发生错误时回滚
   db.rollback()
#关闭数据库连接
db.close()
```

执行以上语句之后，就往“学生”表插入了一条记录，如图 9.4 所示。

学号	姓名	性别	年龄	班级号
1001	张鸣	女	19	001

图 9.4　插入记录后的“学生”表

9.5.2　数据库表更新操作

更新操作用于更新数据表的数据。

【例 9-4】 将“学生”表中性别为“女”的年龄增加 1 岁。

具体代码如下：

```
import pymysql
#打开数据库连接
db=pymysql.connect("localhost","root","root","教学管理" )
#使用 cursor()方法获取操作游标
cursor=db.cursor()
#SQL 更新语句
sql="UPDATE 学生 SET AGE=AGE+1 WHERE SEX='女'"
try:
   #执行 SQL 语句
   cursor.execute(sql)
   #提交到数据库执行
   db.commit()
except:
   #发生错误时回滚
   db.rollback()
```

```
#关闭数据库连接
db.close()
```

执行以上语句之后，将“学生”表性别为“女”的数据年龄增加了 1 岁，如图 9.5 所示。

学号	姓名	性别	年龄	班级号
1001	张鸣	女	20	001

图 9.5　修改数据后的“学生”表

9.5.3　数据库表删除操作

删除操作用于删除数据表中的数据。

【例 9-5】 删除“学生”表中年龄大于 18 的所有数据。

具体代码如下：

```
import pymysql
#打开数据库连接
db=pymysql.connect("localhost","root","root","教学管理" )
#使用 cursor()方法获取操作游标
cursor=db.cursor()
#SQL 删除语句
sql="DELETE FROM 学生 WHERE AGE>18"
try:
   #执行 SQL 语句
   cursor.execute(sql)
   #提交修改
   db.commit()
except:
   #发生错误时回滚
   db.rollback()
#关闭连接
db.close()
```

执行以上语句之后，将“学生”表中年龄大于 18 的所有数据删除，如图 9.6 所示。

学号	姓名	性别	年龄	班级号
	(Null)	(Null)	(Null)	(Null)

图 9.6　删除数据后的“学生”表

9.6　数据库查询操作

查询数据库表的步骤如下：

(1) 建立数据库连接。

(2) 创建游标对象 cursor，使用 cursor.execute(sql) 执行 SQL 的 select 语句。

(3)循环输出结果。

Python 查询 MySQL 使用 fetchone()方法获取单条数据，使用 fetchall()方法获取多条数据。fetchone()方法获取下一个查询结果集，结果集是一个对象。fetchall()接收全部的返回结果行。rowcount 是一个只读属性，返回执行 execute()方法后影响的行数。

【例 9-6】查询“学生”表中年龄字段小于 20 的所有记录。

具体代码如下：

```
import pymysql
#打开数据库连接
db=pymysql.connect("localhost","root","root","教学管理" )
#使用 cursor()方法获取操作游标
cursor=db.cursor()
#SQL 查询语句
sql="SELECT * FROM 学生  WHERE 年龄<20"
try:
   #执行 SQL 语句
   cursor.execute(sql)
   #获取所有记录列表
   results=cursor.fetchall()
   for row in results:
      no=row[0]
      name=row[1]
      sex=row[2]
      age=row[3]
      classno=row[4]
       #打印结果
      print("no=%s, name=%s, sex=%s, age=%s,classno=%s" % \
             (no, name, sex, age, classno ))
except:
   print("Error: unable to fetch data")
#关闭数据库连接
db.close()
```

执行结果如下：

```
no=1001, name=张鸣, sex=女, age=19,classno=001
```

9.7　数据库使用实例

【例 9-7】设计储户信息数据，创建一个“储户信息”表，可以添加、修改、查询和删除表中的信息。

实现代码如下：

```
import pymysql
#连接数据库
connect=pymysql.connect(
  host='localhost',
```

```
  port=3306,
  user='root',
  passwd='root',
  db='储户信息',
  charset='utf8')
#获取游标
cursor=connect.cursor()
#创建表
cursor.execute("DROP TABLE IF EXISTS trade")
sql="CREATE TABLE trade(\
        name char(10) ,\
        account varchar(20) primary key,\
        saving float)"
cursor.execute(sql)
#插入数据
sql="INSERT INTO trade(name, account, saving)\
VALUES('雷军', '13512345678', 10000), \
('王军', '13512345679', 90000), \
('章明', '13512345680', 60000), \
('王兰兰', '13512345681', 50000)"
cursor.execute(sql)
connect.commit()
print('成功插入', cursor.rowcount, '条数据')
#修改数据
sql="UPDATE trade SET saving=%.2f WHERE account='%s' "
data=(8888, '13512345678')
cursor.execute(sql % data)
connect.commit()
print('成功修改', cursor.rowcount, '条数据')
#查询数据
sql="SELECT name,saving FROM trade "
cursor.execute(sql)
for row in cursor.fetchall():
  print("Name:%s\tSaving:%.2f" % row)
print('共查找出', cursor.rowcount, '条数据')
#删除数据
sql="DELETE FROM trade WHERE account='13512345678'"
cursor.execute(sql)
connect.commit()
print('成功删除', cursor.rowcount, '条数据')
#事务处理
sql_1="UPDATE trade SET saving=saving+1000 WHERE account
     ='13512345679' "
sql_2="UPDATE trade SET saving=saving-1000 WHERE account
     ='13512345680' "
sql_3="UPDATE trade SET saving=saving+2000 WHERE account
     ='13512345681' "
```

```
try:
  cursor.execute(sql_1)      #储蓄增加 1000
  cursor.execute(sql_2)      #支出增加 1000
  cursor.execute(sql_3)      #收入增加 2000
except Exception as e:
  connect.rollback()         #事务回滚
  print('事务处理失败', e)
else:
  connect.commit()           #事务提交
  print('事务处理成功', cursor.rowcount)
sql="SELECT name,saving FROM trade "
cursor.execute(sql)
for row in cursor.fetchall():
  print("Name:%s\tSaving:%.2f" % row)
#关闭连接
cursor.close()
connect.close()
```

运行结果如图 9.7 所示。

```
成功插入 4 条数据
成功修改 1 条数据
Name:雷军 Saving:8888.00
Name:王军 Saving:90000.00
Name:章明 Saving:60000.00
Name:王兰兰        Saving:50000.00
共查找出 4 条数据
成功删除 1 条数据
事务处理成功 1
Name:王军 Saving:91000.00
Name:章明 Saving:59000.00
Name:王兰兰        Saving:52000.00
```

图 9.7　运行结果

9.8　执 行 事 务

事务机制可以确保数据一致性。事务具有 4 个属性：原子性、一致性、隔离性、持久性。原子性、一致性、隔离性、持久性对应的英文单词分别是 atomicity、consistency、isolation 和 durability，只取每个单词的首字母，通常称为事务的 ACID 特性。

(1) 原子性：一个事务是一个不可分割的工作单位，事务中包括的操作要么都做，要么都不做。

(2) 一致性：事务必须使数据库从一个一致性状态变化到另一个一致性状态。一致性与原子性是密切相关的。

(3) 隔离性：一个事务的执行不能被其他事务干扰，即一个事务内部的操作及使用的数据对并发的其他事务是隔离的，并发执行的各个事务之间不能互相干扰。

(4) 持久性：持续性也称永久性(permanence)，指一个事务一旦提交，它对数据库中数据的改变就应该是永久性的。接下来的其他操作或故障不应该对其有任何影响。

Python DB-API 的事务提供了两个方法：成功提交事务 commit 和事务回滚 rollback。

【例 9-8】 利用 MySQL 删除记录语句。

```
sql="DELETE FROM EMPLOYEE WHERE AGE>%s" %(20)
try:
    #执行 SQL 语句
    cursor.execute(sql)
    #向数据库提交
    db.commit()
except:
    #发生错误时回滚
    db.rollback()
```

对于支持事务的数据库，在 Python 数据库编程中，当游标建立之时，就自动开始了一个隐形的数据库事务。commit()方法用于提交游标的所有更新操作，rollback()方法回滚当前游标的所有操作。

9.9 错误处理

DB-API 中定义了一些数据库操作的错误及异常，表 9.4 列出了这些错误和异常。这些异常构成了一个层次结构，因此，使用一个 except 块就可以捕获多种异常。

表 9.4　错误异常表

异常	描述
Warning	当有严重警告时触发，如插入数据被截断等；严重警告必须是 StandardError 的子类
Error	警告以外所有其他错误类，是 StandardError 的子类
InterfaceError	当有数据库接口模块本身的错误(而不是数据库的错误)发生时触发，是 Error 的子类
DatabaseError	和数据库有关的错误发生时触发，是 Error 的子类
DataError	当有数据处理的错误发生时触发，例如，除零错误、数据超范围等，是 DatabaseError 的子类
OperationalError	指非用户控制地操作数据库时发生的错误。例如，连接意外断开、数据库名未找到、事务处理失败、内存分配错误等数据库操作发生的错误，是 DatabaseError 的子类
IntegrityError	完整性相关的错误，例如，外键检查失败等，是 DatabaseError 的子类
InternalError	数据库的内部错误，例如，游标失效、事务同步失败等，是 DatabaseError 的子类
ProgrammingError	程序错误，例如，数据表(table)没找到或已存在、SQL 语句语法错误、参数数量错误等，其是 DatabaseError 的子类
NotSupportedError	不支持错误，指使用了数据库不支持的函数或 API 等。例如，在连接对象上使用 rollback()函数，然而数据库并不支持事务或者事务已关闭，是 DatabaseError 的子类

常见错误代码及原因如下：

(1)当 MySQL 服务器停止时，错误提示是：2003, “Can’t connect to MySQL server on '127.0.0.1' ([Errno 61] Connection refused)”。

(2)当密码出错时，错误提示是：1045, “Access denied for user 'root'@'localhost' (using password: YES)”。

(3)当数据库名字出错时，错误提示是：1049, “Unknown database ‘xxxx'”。

本章小结

(1) Python 标准的数据库接口是 Python DB-API，为开发人员提供了数据库应用编程接口。当使用 Python 访问数据库时，依据所使用的数据库类型的不同，下载一个 DB-API 模块。DB-API 提供了与数据库的连接工作，DB-API 连接操作包括导入 API 模块、获取与数据库的连接、发出 SQL 语句和存储过程、关闭连接。

(2) Python 3.x 版本在实现 Python 和 MySQL 连接之前，首先需要确认 PyMySQL 是否安装成功。

(3) Python 对数据库 MySQL 的操作包括数据库连接、创建数据库表、数据库插入操作、数据库查询操作、数据库更新操作和数据库删除操作。

(4) 事务所具有的原子性、一致性、隔离性、持久性简称为 ACID 特性。Python DB-API 的事务提供了 commit() 或 rollback() 两个方法。

实 验

设计一个智力问答小游戏，答题过程做对、做错实时跟踪。程序使用数据库 test，其中，每个智力问答由题目、四个选项和正确答案组成。测试时，程序从试题库中顺序读出题目供用户答题，并根据答题情况给出成绩。实现代码如下：

```
import pymysql
import tkinter

conn=pymysql.connect('localhost','root','123456','test')
cursor=conn.cursor()
cursor.execute("DROP TABLE IF EXISTS exam")
sql="CREATE TABLE exam(question VARCHAR(80),\
                answer_A CHAR(10),\
                answer_B CHAR(10),\
                answer_C CHAR(10),\
                answer_D CHAR(10),\
                right_answer CHAR(10) NULL)"
cursor.execute(sql)
sql="insert into exam values('哈雷彗星的平均周期为','54 年','56 年',
    '73 年','83 年','C'),\
('什么动物天天熬夜','大熊猫','猫头鹰','蝙蝠','青蛙','A'),\
('在中国历史上是谁发明了麻药','孙思邈','华佗','张仲景','扁鹊','B'),\
('鱼缸里有十条鱼，死掉了一条问还有几条？','10 条','9 条','8 条','7 条','A'),\
('篮球比赛每队几人？','4','5','6','7','B'),\
('端午节是纪念哪一位古人？','屈原','李白','杜甫','岳飞','A')"
cursor.execute(sql)
print(cursor.rowcount)
conn.commit()
cursor.execute('select * from exam')
```

```
values=cursor.fetchall()

#from tkinter import *
#from tkinter.messagebox import *
def callNext():
    global k
    global score
    useranswer=r.get()                  #获取用户的选择
    print(r.get())                      #获取被选中单选按钮变量值
    if useranswer==values[k][5]:
        tkinter.messagebox.showinfo("恭喜","恭喜你答对了！")
        score+=10
    else:
         tkinter.messagebox.showinfo("遗憾","遗憾你错了！")
    k=k+1
    if k>=len(values):                  #判断用户是否做完
         tkinter.messagebox.showinfo("提示","题目做完了")
         return
    timu["text"]=values[k][0]
    radio1["text"]=values[k][1]
    radio2["text"]=values[k][2]
    radio3["text"]=values[k][3]
    radio4["text"]=values[k][4]
    r.set('E')
def callResult():
     tkinter.messagebox.showinfo("你的得分",str(score))

root=tkinter.Tk()
root.title('Python智力问答游戏')
root.geometry("500x200")
r=tkinter.StringVar()                          #创建StringVar对象
r.set('E')                                     #设置初始值为'E',初始没选中
k=0
score=0
timu=tkinter.Label(root,text=values[k][0]) #题目
timu.pack()
f1=tkinter.Frame(root)                         #创建第一个Frame组件
f1.pack()
radio1=tkinter.Radiobutton(f1,variable=r,value='A',text=values[k][1])
radio1.pack()
radio2=tkinter.Radiobutton(f1,variable=r,value='B',text=values[k][2])
radio2.pack()
radio3=tkinter.Radiobutton(f1,variable=r,value='C',text=values[k][3])
radio3.pack()
radio4=tkinter.Radiobutton(f1,variable=r,value='D',text=values[k][4])
radio4.pack()
f2=tkinter.Frame(root)
```

```
f2.pack()
tkinter.Button(f2,text='下一题',command=callNext()).pack(side='left')
tkinter.Button(f2,text='结果',command=callResult()).pack(side='left')
root.mainloop()
```

程序运行结果如图 9.8 所示。

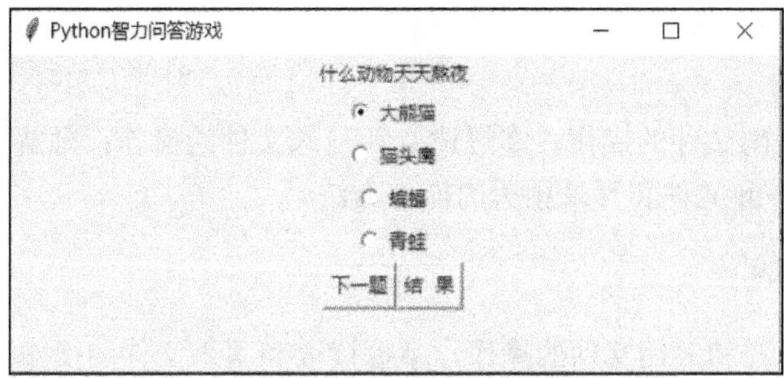

图 9.8　运行结果

习　题　9

1．请详细说明 DB-API 连接数据库操作包含哪些步骤？

2．请解释说明使用 Python 对 MySQL 数据库执行操作时，connect()和 cursor()的功能。

3．DB-API 中定义了一些数据库操作的错误及异常类，请举例说明这些错误及异常类会实现哪些功能。

第 10 章　Python 文件操作

学习目标

掌握打开和关闭文件的操作；掌握读取和写入文件的操作；理解重命名和删除文件的方法；理解 Python 文件和目录相关的操作方法。

教学重点及难点

重点：掌握打开和关闭文件的操作，掌握读取和写入文件的操作。
难点：掌握读取和写入文件的操作。

10.1　什么是文件

文件是由字节组成的信息，通常在磁盘上永久保存。文件是有名字的字节集合，按数据的组织形式，可以把文件分为文本文件和二进制文件两大类。

10.1.1　文本文件

文本文件存储的是常规字符串，由若干文本行组成，通常每行以换行符“\n”结尾。常规字符串指使用记事本之类的文本编辑器能正常显示、编辑，并且人类能够直接阅读和理解的字符串，如英文字母、汉字、数字字符串。在 Windows 平台中，扩展名为.txt、.log、.ini 的文件都属于文本文件，可以使用字处理文件如记事本、UltraEdit 等进行编辑。实际上文本文件在磁盘上也是以二进制形式存储的，只是在读取和查看时，要使用相应的编码方式进行解码还原为字符串信息，所以可以直接阅读和理解。

10.1.2　二进制文件

常见的如图形图像文件、音频视频文件、可执行文件、资源文件、各种数据库文件、各类 Office 文件等都属于二进制文件。二进制文件使用字节串存储对象内容，无法用记事本或其他普通字处理软件直接进行编辑，通常也无法直接阅读和理解，需要使用正确的软件进行解码或反序列化之后才能正确地读取、显示、修改或执行。图 10.1 中使用 Windows 记事本打开图片文件 timg.jpg，该文件是二进制可执行文件，无法使用记事本查看，显示乱码。

文件可以存储很多不同类型的信息。一个文件可以包含文本、图片、音乐、计算机程序、电话号码表等内容。计算机硬盘上的所有内容都以文件的形式存储，程序就是由一个或多个文件构成的。

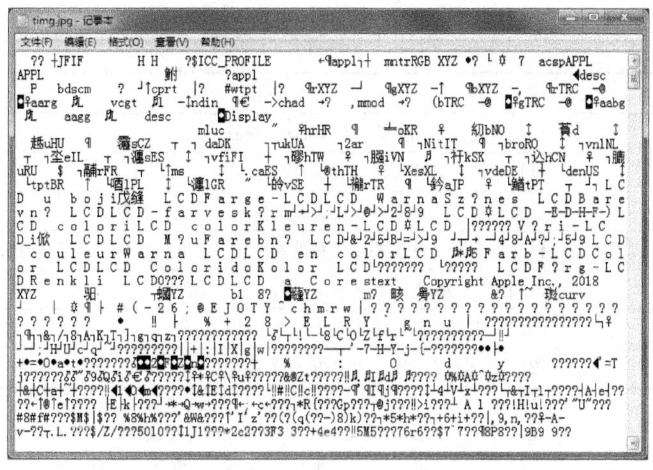

图 10.1　用记事本打开 timg.jpg 文件的效果

10.2　读取文本文件

在 Python 中要访问文件，必须打开 Python Shell 与磁盘上存放的文件之间的连接。因此，磁盘上的信息和使用它的程序之间需要创建一个“管道”。“管道”负责在文件所在的磁盘和程序之间传递文件内容。Python 中的管道在建立连接时生成，是一个文件对象。Python 中的 open 命令建立连接，并返回代表连接的文件对象。通过文件对象执行文件上的所有后续操作，文件对象有时也称作文件描述符或文件流，如图 10.2 所示。无论文本文件还是二进制文件，操作流程都是一致的，首先打开文件并创建文件对象，然后通过该文件对象对文件内容进行读取、写入、删除、修改等操作，最后保存并关闭文件内容。

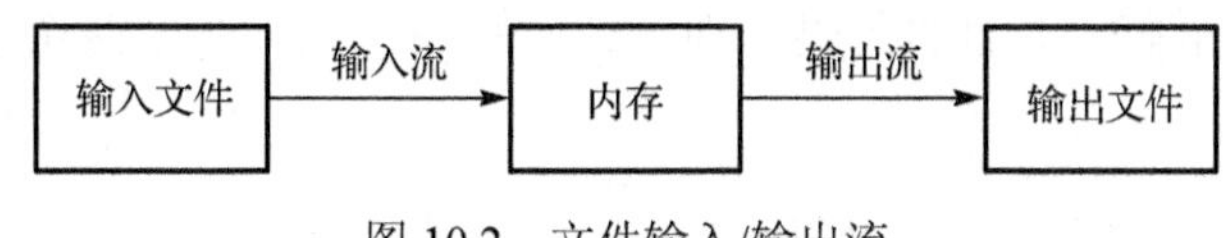

图 10.2　文件输入/输出流

10.2.1　内置函数 open()

Python 内置函数 open()用于打开一个文件，并返回文件对象，在对文件进行处理的过程中都需要用到这个函数，如果该文件无法被打开，会抛出 OSError。

open()函数的常用形式是接收两个参数：文件名(file)和模式(mode)。

```
open(file,mode='r')
```

内置函数 open()的主要参数含义如下：

(1)参数 file 指定要打开或创建的文件名称，如果该文件不在当前目录中，可以使用相对路径或者绝对路径，为了减少路径中分隔符的输入，可以使用原始字符串。

(2)参数 mode 为文件打开模式。文件打开模式如表 10.1 所示，以不同方式打开文件时，文件指针的初始位置略有不同。以“只读”和“只写”模式打开时，文件指针的初始位置是文件头，以“追加”模式打开时，文件指针的初始位置是文件尾。

表 10.1　文件打开模式

打开模式	功能
t	以文本文件模式打开文件(默认，缺省方式)
r	以只读模式打开文件(默认，缺省方式)
w	以只写模式打开文件，会清除已经存在的文件内容
x	创建一个新文件，并以只写模式打开，如果文件存在则抛出异常
a	追加模式，如果文件存在，写入内容追加到源文件末尾
b	二进制模式
+	读/写模式打开文件，用于更改文件内容

b 和 t 是文件类型模式，如果是二进制文件，需要设置 rb、wb、xb、ab；如果是文本文件，需要设置 rt、wt、xt、at，由于 t 是默认模式，所以可以省略为 r、w、x、a。

+必须与 r、w、x 或 a 组合使用，设置文件为读写模式，对于文本文件可以使用 r+、w+、x+或 a+；对于二进制文件可以使用 rb+、wb+、xb+或 ab+。

注意：r+、w+和 a+的区别。r+打开文件时，如果文件不存在则抛出异常；w+打开文件时，如果文件不存在则创建文件，文件存在则清除文件内容；a+类似于 w+，打开文件时，如果不存在则创建文件，文件存在则在文件末尾追加。

buffering：设置缓冲区策略，默认值为−1，当 buffering=−1 时，系统会自动设置缓冲区，通常是 4096B 或 8192B；当 buffering=0 时，是关闭缓冲区，关闭缓冲区时数据直接写入文件中，这种模式仅应用于二进制文件写入操作；当 buffering>0 时，buffering 是设置缓冲区字节大小。

如果执行正常，open()函数返回一个文件对象，通过该文件对象可以对文件进行读写操作，如果指定文件不存在、访问权限不够、磁盘空间不够或其他原因导致创建文件对象失败，则抛出异常。下面的代码分别以读、写的方式打开了两个文件，并创建了与之对应的文件对象。

```
f1=open('poem1.txt','r')
f2=open('poem2.txt','w')
```

当对文件内容操作完之后，一定要关闭文件对象，这样才能保证所做的任何修改都被保存到文件中。

```
f1.close()
f2.close()
```

注意：即使写了关闭文件的代码，也无法保证文件一定能够正常关闭。例如，如果在打开文件之后和关闭文件之前发生了错误导致程序崩溃，这时文件就无法正常关闭。在管理文件对象时推荐使用 with 关键字，with 关键字将会在后面学习。

【例 10-1】假设有文本文件 poem1.txt，与程序位于同一文件夹中，下面是 poem1.txt 的内容：

```
Never give up,
Never lose hope.
Always have faith,
```

```
It allows you to cope.
```

Python Shell 会话打开文件，读取文件的内容，然后关闭该文件。第一行调用 open 函数，参数为指定的文件名，打开方式为读(r)或写(w)。该文件的链接命名为 outputFile，通过文件对象 outputFile，使用 for 语句逐行遍历文件内容。通过文件对象遍历时，每次读取一行。最后使用 outputFile.close()关闭文件，断开 Shell 和文件之间的连接。如果忘记关闭文件，Python 将在退出或重启 Shell 时关闭它。

```
#-*- coding: utf-8 -*-
outputFile=open("poem1.txt",'r')
for line in outputFile:
   print(line)
outputFile.close()
Never give up,
Never lose hope.
Always have faith,
It allows you to cope.
```

10.2.2　文件对象属性与常用方法

如果执行正常，open()函数会返回一个文件对象，通过该文件对象可以对文本进行读写操作。文件对象常用属性如表 10.2 所示。

表 10.2　文件对象常用属性

属性	说明
file.close()	关闭文件，当执行关闭后，文件不能再进行读写操作
file.flush()	刷新文件内部缓冲，直接把内部缓冲区的数据立刻写入文件，而不是被动地等待输出缓冲区写入
file.fileno()	返回一个整型的文件描述符(file descriptor，fd)，可以用在如 os 模块的 read 方法等一些底层操作上
file.isatty()	如果文件链接到一个终端设备则返回 True，否则返回 False
file.next()	返回文件下一行
file.read([size])	从文件读取指定的字节数，如果未给定或为负则读取所有
file.readline([size])	读取整行，包括“\n”字符
file.readlines([sizeint])	读取所有行并返回列表，若 sizeint>0，则返回和约为 sizeint 字节的行，实际读取值可能比 sizeint 大，因为需要填充缓冲区
file.seek(offset[,whence])	设置文件当前位置
file.tell()	返回文件当前位置
file.truncate([size])	从文件的首行首字符开始截断，截断文件为 size 个字符，无 size 表示从当前位置起截断
file.write()	将字符串写入文件，返回的是写入的字符长度
file.writelines(sequence)	向文件写入一个序列字符串列表，如果需要换行则要自己加入每行的换行符

使用循环逐行读取文件内容，还可以使用 read 方法一次读取文件的全部内容，并将文件内容以字符串方式返回。

【例 10-2】 使用 read 方法读取文件内容。

```
outputFile=open("poem1.txt",'r')                #读取文件
```

```
wholeFile=outputFile.read()                    #读完整文件
for line in wholeFile:
   print(line)
outputFile.close()
```

另一种方法是 readline，意思是每次读取文件中的一行。然而，在 for 语句前使用 readline 时，for 语句将从 readline 结束的位置开始。

```
outputFile=open("poem1.txt",'r')               #读取文件
aLine=outputFile.readline()                    #只读一行
print(aLine)
Never give up,
>>>for line in outputFile:
   print(line)
Never lose hope.
Always have faith,
It allows you to cope.
>>>outputFile.close()
```

使用 readline 跳过标题行，可以实现删除文件开始处的标题行，让 for 循环的逻辑更简单、更容易读。

10.3　写文本文件

写文件和读文件类似，需要先创建文件对象连接。唯一的区别在于 open 命令中，写参数为 w，而不是 r。如果该文件不存在，则创建新文件。

文件打开后，可以使用 write 方法向文件写入字符串。此方法只能将单个字符串写入文件中，若是其他数据类型，则需要先进行转换。如果要把多行内容输出到文件，必须在行间插入回车字符(\n)。在 Python 中常用的方法是将各个部分组装成一个字符串，再将最终的字符串写入文件。

【例 10-3】写文本文件示例。

```
dataFile=open("poem2.txt","w")
s="Love is more than a word, \n It says so much." #两行字符串
dataFile.write(s)                                  #写出文件内容
dataFile.close()
```

在这个例子中，以写入方式打开文件，创建字符串，写入该字符串，然后关闭文件。下面是操作结束时，文件的内容：

```
Love is more than a word,
It says so much.
```

注意：在 Python Shell 中字符串将显示在一行中，但是因为插入了回车符(\n)，所以写入文件时分成了两行。另外，请注意第二行是以空白字符开始的，与 Python Shell 中的显示完全相同。

10.4　创建文件和重写文件

以读方式打开文件，如果文件不存在于磁盘上，或者操作系统无法找到该文件，会产生错误。如果文件存在，则建立文件对象连接，从文件中读取值。以写方式打开文件，如果文件不存在，将在运行程序的文件夹中创建文件。

10.5　关 闭 文 件

关闭文件是取消程序和文件之间连接的过程，内存缓冲区中的所有内容将写回磁盘。关闭文件，确保信息不会丢失，关闭文件的常用方法是 close()方法，多处示例操作已涉及关闭文件的操作，在此就不列举示例了。

10.6　上下文管理语句 with

当要求用户输入信息时，用户提供的输入信息可能是不正确的，甚至是恶意的数据。必须防止这种情况毁坏程序，也就是要确保程序在接收了错误的输入后不会出错，在 Python 中，可以使用异常来处理这种情况。在实际开发中，读写文件应优先考虑使用上下文管理语句 with，关键字 with 可以自动管理资源，不管发生什么问题，即使是异常，跳出 with 块，总能保证文件被正确关闭，可以在代码块执行完毕后，自动还原进行该代码块时的上下文。上下文管理语句 with 常用于文件操作、数据库连接、网络通信连接、多线程与多进程同步时的锁对象管理等场合。用于文件内容读写时，with 的语句用法如下：

```
with open(filename,mode,encoding)as fp:
```

另外，上下文管理语句 with 还支持下面的用法，进一步简化了代码的编写。

【例 10-4】使用上下文管理语句 with 读出文本文件 poem1.txt 的内容，然后写入文本文件 poem3.txt 中。

```
with open('poem1.txt','r')as src,\
open('poem3.txt','w')as dst:
    dst.write(src.read())
```

注意：如果存在文本文件 poem3.txt，会自动把 poem1.txt 的内容写入文本文件 poem3.txt 中，如果不存在文本文件 poem3.txt，会首先新建 poem3.txt，然后把读取的 poem1.txt 的内容写入文本文件 poem3.txt 中。

用 with 语句的好处就是到达语句末尾时，会自动关闭文件，即便出现异常。with 语句允许用户使用进行上下文管理器，支持两个方法的对象：__enter__和__exit__。方法__enter__不接收任何参数，在进入 with 语句时被调用，其返回值被赋给关键字 as 后面的变量。方法__exit__接收三个参数：异常类型、异常对象和异常跟踪，它在离开方法时被调用，通过前述参数将引发的异常传递给它。如果__exit__返回 False，将抑制所有的异常。

其实，with 语句的作用效果包含对所出现异常情景的自动处理，相当于下面的 try-except-finally 异常处理语句。

```
file=open("poem1.txt","r")
try:
    for line in file.readlines():
        print(line)
except:
    print("error")
finally:
    file.close()
```

10.7　os 模块

Python 标准库的 os 模块除了提供使用操作系统功能和访问文件系统的简便方法之外，还提供了大量与文件和文件夹有关的操作。

10.7.1　目录/文件夹的结构

操作系统的功能之一是维护文件的组织结构。目前流行的操作系统如 Windows、Linux 和 Mac OS 都将文件放于目录结构中进行管理。这个假定的特殊容器，在 Mac OS 下称为目录，在 Windows 下称为文件夹。每个目录一般包含三个部分的内容。

(1) 目录中有文件列表。

(2) 目录中包含其他目录的列表。

(3) 目录中包含其父目录的链接。

10.7.2　os 模块常用方法

os 模块常用方法如表 10.3 所示。

表 10.3　os 模块常用方法

方法	描述
os.access(path,mode)	检验权限模式
os.chdir(path)	改变当前工作目录
os.chown(path,uid,gid)	更改文件所有者
os.close(fd)	关闭文件描述符 fd
os.closerange(fd_low,fd_high)	关闭所有文件描述符
os.dup(fd)	复制文件描述符 fd
os.dup2(fd,fd2)	将一个文件描述符 fd 复制到另一个 fd2
os.fchdir(fd)	通过文件描述符改变当前工作目录
os.fdopen(fd[,mode[,bufsize]])	通过文件描述符 fd 创建一个文件对象
os.fstat(fd)	返回文件描述符 fd 的状态
os.getcwd()	返回当前工作目录
os.listdir(path)	返回 path 指定的文件夹包含的文件或文件夹名字的列表

续表

方法	描述
os.makedirs(path[,mode])	递归文件夹创建函数
os.mkdir(path[,mode])	以 mode 参数对应的模式创建一个名为 path 的文件夹，默认 mode 是 0777(八进制)
os.open(file,flags[,mode])	打开一个文件，并且设置需要的打开选项，mode 参数是可选的
os.read(fd,n)	从文件描述符 fd 中读取最多 *n* 字节，返回包含读取字节的字符串，文件描述符 fd 对应文件已达到结尾，返回一个空字符串
os.remove(path)	删除路径为 path 的文件，如果 path 是一个文件夹，将抛出 OSError
os.removedirs(path)	递归删除目录
os.rename(src,dst)	重命名文件或目录，从 src 到 dst
os.renames(old,new)	递归地对目录进行更名，也可以对文件进行更名
os.rmdir(path)	删除 path 指定的空目录，如果目录非空，则抛出一个 OSError 异常
os.write(fd,str)	写入字符串到文件描述符 fd 中，返回实际写入的字符串长度
os.path	获取文件的属性信息

要使用 os 模块，首先需要使用 import 语句导入 os 模块，下面通过例 10-5 来学习 os 模块的用法。

【例 10-5】 os 模块的用法。

```
>>>import os                              #导入 os 包
>>>import os.path
>>> os.rename('c:\\good.txt','c:\\better.txt')
                                          #rename()可以实现文件的重命名和移动
>>>os.getcwd()                            #返回当前的工作目录
'C:\\Users\\Administrator\\Desktop'
>>> os.mkdir(os.getcwd() + '\\temp')          #创建目录
>>>os.chdir(os.getcwd() + '\\temp')           #改变当前工作目录
>>>os.getcwd()
'C:\\Users\\Administrator\\Desktop\\temp'
>>>os.mkdir(os.getcwd() +'\\examine')
>>>os.listdir('.')
['examine']
>>>os.rmdir('examine')                        #删除目录
>>>os.listdir('.')
[]
```

本 章 小 结

本章学习了以下内容：

(1) 文件是长久保存信息并允许重复使用和反复修改的重要方式，同时也是信息交换的重要途径。

(2) 如何打开和关闭文件：open()和 close()。

(3) 打开文件的不同方式：读、写和追加。

(4) 写文件的不同方法：write () 或 print ()。

(5) 与文件夹(目录)、文件位置和路径相关的操作方法。

实　验

编程统计《鲁滨逊漂流记》小说中每个单词出现的字数。

操作步骤：打开鲁滨逊漂流记小说文件 lubxpiaolj.txt，处理文件中的每一行，然后，将每个词添加到字典中，并更新其计数，显示输出，最后按照单词出现次数从高到低的顺序，进行输出。

```
import string
f=open("c:\\lubxpiaolj.txt","r")  #以只读的方式打开鲁滨逊漂流记小说文本文件
novel=""
for line in f:                  #读取小说文本文件内容至 novel 中
    novel+=line
f.close()
novel=novel.lower()             #把 novel 中所有文本内容转换成小写
L=novel.split()                 #粗略分词成列表
L_save=[]
for word in L:
    temp=""
    for char in word:
        if char not in string.whitespace+string.punctuation:
            temp+=char
    L_save.append(temp)         #全文纯单词列表

dict={}
for key in L_save:              #统计小说中相同的单词出现的次数
    if key not in dict:
        dict[key]=1
    if key in dict:
        dict[key]+=1
print(dict)

D_last=sorted(dict.items(),key=lambda dict:dict[1],reverse=True)
                                #以降序的方式对单词出现的次数排序
For n in D_last:
    print(n)
```

习　题　10

1. 在 Python 下，为什么关闭文件非常重要？

2. 在 Python 下，完成下列文件操作：

(1) 编写 Python 程序，打开名为 popuSong_1.txt 的文件，将其中每隔一行的内容写入文件 popuSong_2.txt。

(2)扩展程序，使用 os 模块将文件保存到不同的目录(文件夹)中。

3．创建一个测试文件，包含由 30 个词构成的句子。读取该文件，然后插入回车符(\n)，并将该测试写入新的文本文件，要求 5 行，每行 6 个词。

4．给定测试文件 test.txt，包含以下四行：

```
Edelweiss, edelweiss
Every morning you greet me
Small and white
Clean and bright
```

阅读如下代码，回答问题：

```
snowFile=open('test.txt','r')
for line in snowFile:
    print(line)
for line in snowFile:
    print(line)
```

(1)循环 1 输出什么？

(2)如何修改代码，使循环 1 和循环 2 输出相同内容？

第 11 章　Python 数据可视化

学习目标

掌握使用 Matplotlib 库绘制数据分析常用的线形图、柱状图、箱线图、散点图的方法，掌握使用 WordCloud 实现词云可视化的方法，能够对给定数据进行可视化展示，并能对可视化结果进行分析说明。

教学重点及难点

重点：掌握使用 Matplotlib 库进行数据分析的各种方法及其可视化方式。

难点：数据建模及相应可视化数据的数据结构组织及管理。

数据可视化主要借助于图形化手段，清晰形象地表示与传达信息。数据可视化技术的基本思想是将数据源中每一个数据项作为单个图元表示，大量的数据集构成数据图像，同时将数据的各个属性值以多维数据的形式表示，可以从不同的维度观察数据，从而对数据进行更深入的观察和分析。Python 作为一门主流科学计算语言，在人工智能、机器学习以及数据科学等方面应用广泛，本章旨在讲述如何利用 Python 语言及其第三方数据可视化库直观形象地展现数据分析结果。

本章首先简明扼要地讲述 Python 语言在 GUI 方面的应用，包括 Tkinter、PyQt、Kivy 等 Python GUI 库。然后重点阐述如何使用 Matplotlib 和 WordCloud，展示数据分析中常用的线形图、柱状图、箱线图、散点图、词云图等的数据可视化，如需全面详尽的数据可视化知识，可以单独学习专门的数据可视化课程。

11.1　Python GUI 库

GUI 作为一个人机交互的界面，是人类与计算机交互的一种方法，它使用窗口、图标和菜单，也可以通过鼠标和键盘进行操作。从 Python 语言的诞生之日起，就有许多优秀的 GUI 工具集整合到 Python 当中，这些优秀的 GUI 工具集，使得 Python 可以在图形界面编程领域当中大展身手，由于 Python 的日益盛行，许多应用程序都是由 Python 结合 GUI 工具集编写的。下面简单介绍常用的 Python GUI 编程库，感兴趣的读者可以参阅相关专业书籍进行深入研究与应用。

11.1.1　Tkinter 库

Tkinter 是一个轻量级的跨平台 GUI 开发工具，是 Python 图形用户界面工具包标准接口。Tkinter 由一定数量的控件构成，可以运行在 Windows、UNIX 和 Mac OS 等系统平台下。Tkinter 位于一个名为_tkinter 的二进制模块中，其包含了对 Tk 的低级接口模块，低级接口并不会被应用级程序员直接使用，但是在一些情况下它也被 Python 解释器静态链接，通过内嵌在 Python 解释器内部的 Tcl 解释器实现，Tkinter 的调用转换成 Tcl 命令，然后交给 Tcl 解释器进行解释，实现 Python 的 GUI 界面。Python 中使用 TkGUI 工具集的标准接口，已经包括在标准的 Python Windows 安装中，经常使用的 IDLE 就是使用 Tkinter 实现的，所以一般情况下无须安装 Tkinter 就可以使用。

Tkinter 自带的控件有 Label、Frame、Entry、Text、Button、Listbox、Scrollbar 等，在 Tkinter 中使用控件的书写形式是：控件类型(根对象, [属性列表])，在控件定义好之后就需要将其添加到主界面上。通常使用的布局方法是 pack() 函数，需要注意的是如不调用 pack() 函数，控件无法在界面上显示。Label 控件是最为常见的 Tkinter 控件，主要是用于标签文本的显示。使用示例如下。

【例 11-1】 Tkinter 自带控件的使用。

```
#-*- coding: utf-8 -*-
import tkinter  #导入 tkinter 库

root_window=tkinter.Tk()
root_window.title('tkinter_show')
root_window.geometry('200x150')

hello_label=tkinter.Label(root_window, text='I love China.',
                bg='Yellow', width=20, height=3)
hello_label.pack(side=tkinter.TOP)  #标签位于窗口顶部
root_window.mainloop()
```

运行结果如图 11.1 所示。

图 11.1 Tkinter 自带标签的使用

11.1.2 PyQt 库

PyQt 是一个创建 GUI 应用程序的工具包，是 Python 编程语言和 Qt 库的成功融合。PyQt 是由 Phil Thompson 开发的，实现了一个 Python 模块集，有将近 6000 个函数和方法，是一个多平台的工具包，可以运行在所有主要操作系统上，如 Windows、UNIX 和 Mac OS 等。因为 PyQt 有很多可用的类，它被分成几个模块。QtCore 模块包含核心的非 GUI 功能，用于时间、文件和目录、各种数据类型、流、网址、MIME 类型、线程或进程。QtGui 模块包含图形组件和相关的类，如按钮、窗体、状态栏、工具栏、滚动条、位图、颜色、字体等。QtNetwork 模块包含了网络编程类，允许编写 TCP/IP 和 UDP 的客户端和服务器，使网络编程更简单、更轻便。QtXml 包含使用 XML 文件的类，这个模块提供了 SAX 和 DOM API 的实现。QtSvg 模块提供显示的 SVG 文件的类。可缩放矢量图形(SVG)是一种用于描述二维图形和图形应用程序的 XML。QtOpenGL 模块使用 OpenGL 库渲染 3D 和 2D 图形，该模块能够无缝集成 Qt 的 GUI 库和 OpenGL 库。QtSql 模块提供用于数据库的类。

11.1.3 Kivy 库

Kivy 是一款类似安卓界面风格的界面库，它支持 Windows、Linux、Android 和 Mac OS 等操作系统，界面风格在多平台之间可以保持一致。使用简单，支持 GPU 加速，有 Flash 般的动画效果，使程序员只需要简单的几行代码就可以制作出具有绚丽效果的界面。Kivy 是一个社区项目，由专业的软件开发人员引导，kivy.org 负责 Kivy 的软件开发和社区用户支持，他们也为使用 Kivy 的企业和个人客户工作。Kivy 架构包括所有建造应用程序的元素，支持多种输入，比如，鼠标、键盘和特定操作系统的多重触控事件等。关于 Kivy 的具体使用方法，若读者感兴趣，可以通过互联网查阅相关资料。

11.2 Python Matplotlib 数据可视化

Matplotlib 是一个由 John Hunter 等开发的，用以绘制二维图形的 Python 模块。它利用了 Python 下的数值计算模块 Numeric 及 Numarray，克隆了许多 MATLAB 中的函数，用以帮助用户轻松地获得高质量的图形。Matplotlib 作为 Python 的绘图库，它以各种硬拷贝格式和跨平台的交互式环境生成出版质量级别的图形。通过 Matplotlib，开发者仅需要几行代码，便可以生成线形图、柱状图、堆积柱状图、散点图等。

11.2.1 线形图、柱状图、堆积柱状图、散点图

本节从 matplotlib.pyplot 库的一些常用图表开始介绍，采用一些简单的样本数据开始基本的绘图操作，为后面的内容打下基础。

【例 11-2】线形图、柱状图、箱线图、散点图的单独绘制。

```
#-*- coding: utf-8 -*-
#导入 Matplotlib 中的绘图库 pyplot，并命名为 plt
import matplotlib.pyplot as plt
#设置中文字体，设置完以后，即可显示所设置的中文字符串
font={'family': 'FangSong', 'size': '15'}
plt.rc('font', **font)
plt.rc('axes',unicode_minus=False)    #解决保存图像中负号“-”显示为方块的问题
x=[1, 2, 3, 4, 5, 6]                  #X 轴数据
y=[3, 4, 6, 7, 3, 2]                  #Y 轴数据
plt.plot(x, y)                        #线形图
#plt.boxplot(x, y)                    #箱线图
```

```
#plt.bar(x, y)                              #柱状图
#plt.scatter(x, y)                          #散点图
plt.title(u"线形图")                        #设置图表标题
plt.xlabel(u"X 轴")                         #设置 X 轴标签信息
plt.ylabel(u"Y 轴")                         #设置 Y 轴标签信息
#以"11-2.png"命名，分辨率为 2000 保存图片
plt.savefig(u"11-2.png",dpi=2000)
plt.show()                              #显示图片
```

该实例根据相同的数据每次显示一种类型的图表，可以根据自己的需要对相应的代码行进行注释与反注释，从而显示相应的图表。通过把 *X* 轴与 *Y* 轴数据传递给函数 plot，即可绘制出相应类型的图像，图 11.2 为绘制的折线图示例。

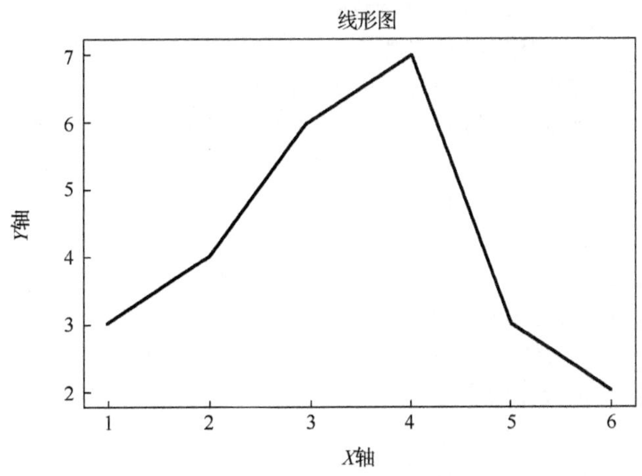

图 11.2　线形图中的折线图

本实例中同时还讲述了 Python 实现 Matplotlib 显示中文的方法，当需要在图形中显示中文时，只需把 font = {'family' : 'FangSong', 'size' : '15'}中的 FangSong 字体替换成相应的字体即可，其中常用的中文字体对应的英文名称如表 11.1 所示。

表 11.1　Matplotlib 中文字体对应的英文名称

中文字体	英文名称	中文字体	英文名称
宋体	SimSun	华文细黑	STXihei
黑体	SimHei	华文楷体	STKaiti
微软雅黑	Microsoft YaHei	华文宋体	STSong
微软正黑体	Microsoft JhengHei	华文中宋	STZhongsong
新宋体	NSimSun	华文仿宋	STFangsong
新细明体	PMingLiU	方正舒体	FZShuTi
细明体	MingLiU	方正姚体	FZYaoti
标楷体	DFKai-SB	华文彩云	STCaiyun
仿宋	FangSong	华文琥珀	STHupo
楷体	KaiTi	华文隶书	STLiti
隶书	LiSu	华文行楷	STXingkai
幼圆	YouYuan	华文新魏	STXinwei

【例 11-3】 线形图、柱状图、箱线图、散点图的集中绘制。

基于相同的数据集，利用 Matplotlib 集中生成一些常见的图形进行比较，从而学习并掌握子图的布局、绘制以及图形属性的设置。

```
#-*- coding: utf-8 -*-
#导入 Matplotlib 中的绘图库 pyplot，并命名为 plt
import matplotlib.pyplot as plt
font={'family': 'FangSong', 'size': '10'}
plt.rc('font', **font)
plt.rc('axes',unicode_minus=False)
x=[1, 2, 3, 4, 5, 6]  #X 轴数据
y=[3, 4, 6, 7, 3, 2]  #Y 轴数据
plt.figure()   #创建新的图像
#把新创建的图像划分成 2*3(两行三列)的网格
#设置 2 行 3 列网格中的第 1 个图像，子图按从左到右，从上到下的顺序编号
#折线图
sub1=plt.subplot(2, 3, 1)
sub1.plot(x, y)
sub1.set_xlabel(u"X 轴")
sub1.set_ylabel(u"Y 轴")
sub1.set_title(u"折线图")
#设置 2 行 3 列网格中的第 2 个图像
#柱状图
sub2=plt.subplot(2, 3, 2)
sub2.bar(x, y)
sub2.set_xlabel(u"X 轴")
sub2.set_ylabel(u"Y 轴")
sub2.set_title(u"垂直柱状图")
#水平柱状图
sub3=plt.subplot(2,3,3)
sub3.barh(x,y)
sub3.set_xlabel(u"X 轴")
sub3.set_ylabel(u"Y 轴")
sub3.set_title(u"水平柱状图")
#叠加柱状图
sub4=plt.subplot(2,3,4)
sub4.bar(x,y)
y1=[2, 3, 4, 5, 6, 7]
sub4.bar(x,y1,bottom=y,color='r')
sub4.set_xlabel(u"X 轴")
sub4.set_ylabel(u"Y 轴")
sub4.set_title(u"叠加柱状图")
#箱线图
sub5=plt.subplot(2,3,5)
```

```
sub5.boxplot(x)
sub5.set_xlabel(u"X 轴")
sub5.set_ylabel(u"Y 轴")
sub5.set_title(u"箱线图")
#散点图
sub6=plt.subplot(2,3,6)
sub6.scatter(x,y)
sub6.set_xlabel(u"X 轴")
sub6.set_ylabel(u"Y 轴")
sub6.set_title(u"散点图")
#设置子图左、底部、右、顶部、水平以及垂直方向的间距
plt.subplots_adjust(left=None, bottom=None, right=None, top=None,
wspace=0.35, hspace=0.55)
#以 2000dpi 保存图片，命名为 11-3.png，保存位置与源程序位置相同
plt.savefig('11-3.png', dpi=2000)
#显示图片
plt.show()
```

在例 11-3 中，通过 figure()方法创建出一个新的图表，如图 11.3 所示。

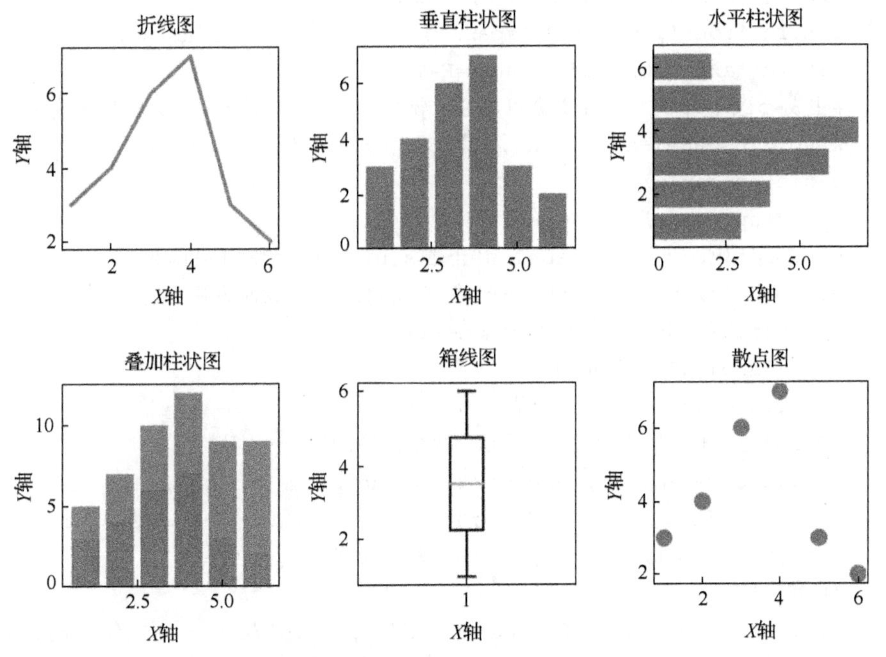

图 11.3 以子图的方式集中显示各种线形图

调用 subplot(2,3,1)方法，把上述图表分割成 2×3 的网格，其中，第一个参数表示行数，第二个参数表示列数，第三个参数表示子图的标号，该标号是按照从左向右，从上而下的顺序进行编号的。同时，该方法返回一个子图对象，我们可以通过返回的子图对象对子图的属性进行设置，如设置子图的 *X* 轴、*Y* 轴标签，以及子图标题等。

接着用几个简单的命令创建垂直柱状图(bar())和水平柱状图(barh())。对于堆叠柱

状图，我们需要把两个柱状图方法调用连在一起。通过设置参数 bottom=y，把第二个柱状图和前一个柱状图连接在一起形成堆叠柱状图。通过调用 boxplot()方法创建箱线图，图中的箱线图从下四分位数延伸到上四分位数，并带有一条中值线。最后，创建了一个散点图使读者对基于点的数据集合进行了解，散点图更适合描述有成千上万个数据点的数据集合。

11.2.2 简单正弦与余弦三角函数

本节将简单演示数学函数及函数符号的可视化，同时在图形上绘制刻度、标签及相应希腊符号等。首先，对区间[−pi，pi]中的 512 个点计算正弦值 sin(x)与余弦值 cos(x)，并在统一图表中绘制上述两个三角函数。实例代码如例 11-4 所示，绘制的图表如图 11.4 所示。其他数学函数的绘制，请依据需要到 numpy 库中查询。

【例 11-4】简单正弦与余弦三角函数绘制。

```
#-*- coding: utf-8 -*-
#导入 Matplotlib 中的绘图库 pyplot，并命名为 plt
import numpy as np  #包含三角函数 sin,cos
import matplotlib.pyplot as plt
font={'family': 'FangSong', 'size': '10'}
plt.rc('font', **font)  #pass in the font dict as kwargs
plt.rc('axes',unicode_minus=False)
#生成-pi 到 pi 的 512 个数据点，包含端点，此 512 个数据点作为三角函数的 x 轴
x=np.linspace(-np.pi, np.pi, 512, endpoint=True)
y_sin=np.sin(x)
y_cos=np.cos(x)
plt.plot(x, y_sin, label=u"正弦 sin(x)") #绘制正弦函数
plt.plot(x, y_cos, label=u"余弦 cos(x)") #绘制余弦函数
plt.title(u"正弦 sin(x)与余弦 cos(x)")
plt.xlabel(u"x 轴取值")
plt.ylabel(u"y 轴三角函数值")
#对 X 轴与 Y 轴刻度进行格式化显示，两个[]中的值一一对应
plt.xticks([-np.pi, -np.pi/2, 0, np.pi/2, np.pi],
         [r'$-\pi$', r'$-\pi/2$', r'$0$', r'$+\pi/2$', r'$+\pi$'])
plt.yticks([-1, 0, +1], [r'$-1$', r'$0$', r'$+1$'])
#设置注释
plt.annotate(u"sin(45)与 cos(45)等值",(np.pi/4, np.sin(np.pi/4)),
          xytext=(np.pi/4, np.sin(np.pi/4)),
          arrowprops=dict(arrowstyle='->'))
#显示网格
plt.grid()
plt.legend(loc="best", frameon=True) #显示无框图例
plt.savefig("11-4.png", dpi=2000)
plt.show()
```

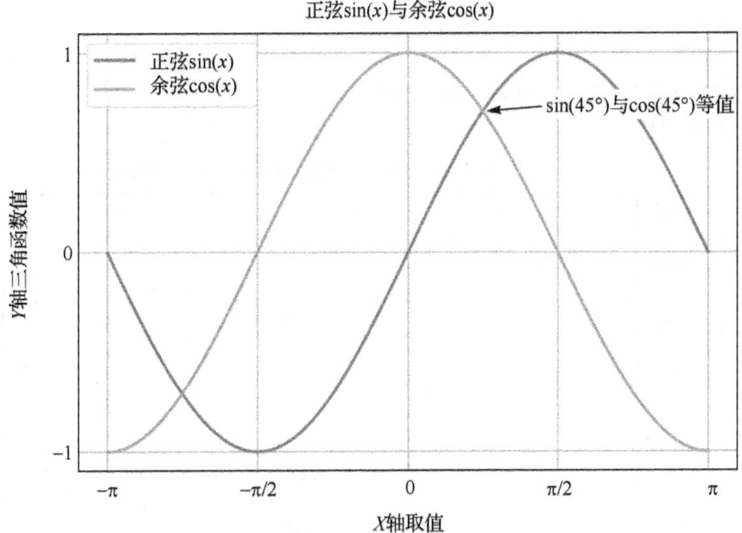

图 11.4　正弦与余弦三角函数图

11.2.3　带有逼近曲线的直方图

实际应用中，常常需要对绘制出的图形用一条曲线进行逼近，从而观察实验值与理论值的区别，本例通过绘制直方图及对应的逼近曲线来演示类似情景的图形绘制，示例图形如图 11.5 所示。

【例 11-5】 绘制带有逼近曲线的直方图。

```
#-*- coding: utf-8 -*-
import numpy as np
import matplotlib.mlab as mlab
import matplotlib.pyplot as plt
font={'family': 'FangSong', 'size': '10'}
plt.rc('font', **font)  #pass in the font dict as kwargs
plt.rc('axes',unicode_minus=False)
#设置均值与方差
mean=100
sigma=10
#生成服从正态分布的 10000 个数
x=mean+sigma*np.random.randn(10000)
num_bins=50  #共 50 个格子
#直方图函数， normed=1 即和为 1
#返回 50 个概率、直方块左边线的 x 值、各个方块对象
n, bins, patches=plt.hist(x, num_bins, normed=1, facecolor='yellow',
alpha=0.5)
y=mlab.normpdf(bins, mean, sigma) #一条逼近的曲线
plt.plot(bins, y, "r--")
plt.title(u"服从正态分布的直方图: 均值$\mu=100$, 方差$\sigma=10$")
plt.xlabel(u"X 轴")
plt.ylabel(u"Y 轴")
```

```
plt.grid()
plt.subplots_adjust(left=0.15)
plt.savefig("11-5.png",dpi=2000)
plt.show()
```

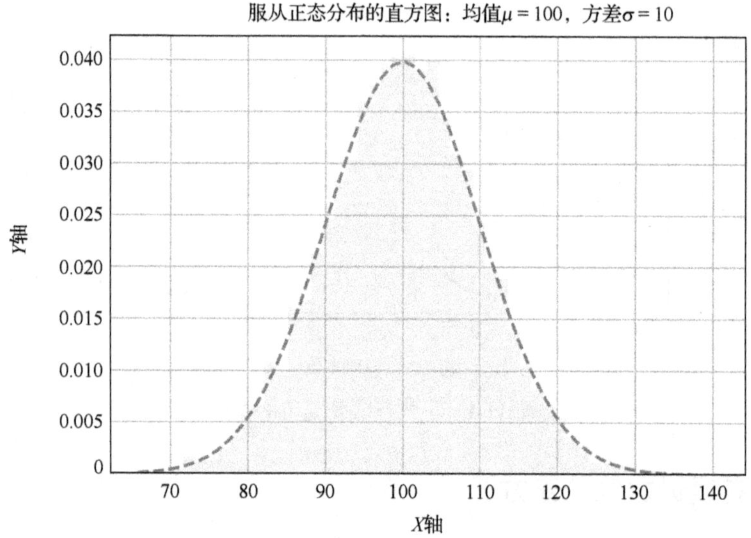

图 11.5　带有逼近曲线的直方图

11.2.4　三维图形绘制

最基本的三维图形是由(x, y, z)三维坐标点构成的线图与散点图，可以用 ax.plot3D 和 ax.scatter3D 函数来创建，默认情况下，散点会自动改变透明度，以在平面上呈现出立体感。

【例 11-6】绘制如图 11.6 所示的三维散点图与线图。

```
#-*- coding: utf-8 -*-
import matplotlib.pyplot as plt
import numpy as np

font={'family': 'FangSong', 'size': '10'}
plt.rc('font', **font)  #pass in the font dict as kwargs
plt.rc('axes',unicode_minus=False)
ax=plt.axes(projection='3d')
#三维线的数据
zline=np.linspace(0, 15, 1000)
xline=np.sin(zline)
yline=np.cos(zline)
ax.set_xlabel(u"X 轴")
ax.set_ylabel(u"Y 轴")
ax.set_zlabel(u"Z 轴")
ax.set_title(u"三维散点图与线图")
```

```
ax.plot3D(xline, yline, zline, 'green')
#三维散点的数据
zdata=15 * np.random.random(100)
xdata=np.sin(zdata)+0.1*np.random.randn(100)
ydata=np.cos(zdata)+0.1*np.random.randn(100)
ax.scatter3D(xdata, ydata, zdata, c=zdata, cmap='Reds')
plt.savefig("11-6.png", dpi=2000)
```

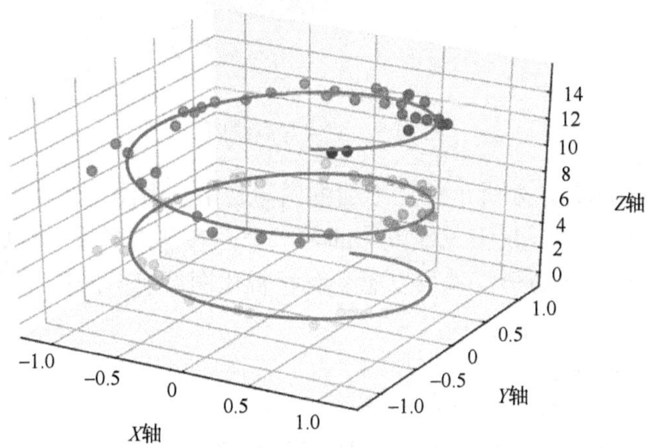

图 11.6　三维散点图与线图

【例 11-7】绘制如图 11.7 所示的三维等高线图。

```
#-*- coding: utf-8 -*-
import matplotlib.pyplot as plt
import numpy as np

font={'family': 'FangSong', 'size': '10'}
plt.rc('font', **font)
plt.rc('axes',unicode_minus=False)

x=np.linspace(-6,6,30)              #在指定的值域内返回 30 个均匀间隔的数字
y=np.linspace(-6,6,30)
X, Y=np.meshgrid(x, y)
Z=np.sin(np.sqrt(X**2 + Y**2))  #取空间中(Z 轴平面)两点距离的正弦值

ax=plt.axes(projection='3d')
ax.contour3D(X, Y, Z, 50, cmap='rainbow_r')
ax.set_xlabel(u"X 轴")
ax.set_ylabel(u"Y 轴")
ax.set_zlabel(u"Z 轴")
#调整观察角度和方位角
ax.view_init(45, 45)
plt.title(u"三维等高线")
plt.savefig("11-7.png",dpi=2000)
```

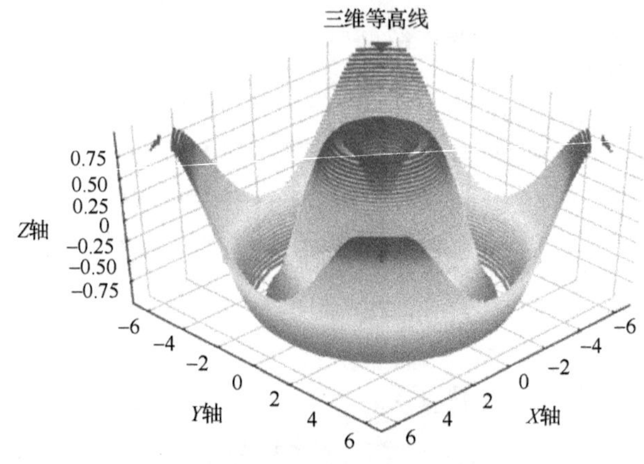

图 11.7　三维等高线图

【例 11-8】绘制如图 11.8 所示的三维线框图与三维全面图。

全面图和线框图相似，只不过线框图的每一个面都是由多边形构成的。只要增加一个配色方案来填充这些多边形，就可以感受到可视化图形表面的拓扑结构了。

```
#-*- coding: utf-8 -*-
import numpy as np
import matplotlib.pyplot as plt
from mpl_toolkits.mplot3d import Axes3D
font={'family': 'FangSong', 'size': '10'}
plt.rc('font', **font)
plt.rc('axes',unicode_minus=False)
x=np.linspace(-6,6,30)           #在指定的值域内返回 30 个均匀间隔的数字
y=np.linspace(-6,6,30)
X, Y=np.meshgrid(x, y)
Z=np.sin(np.sqrt(X**2 + Y**2))  #取空间中(Z 轴平面)两点距离的正弦值

#线框图
ax=plt.axes(projection='3d')
ax.plot_wireframe(X, Y, Z, color='c')
ax.set_title(u"线框图")
ax.set_xlabel(u"X 轴")
ax.set_ylabel(u"Y 轴")
ax.set_zlabel(u"Z 轴")
plt.savefig("11-8(1).png",dpi=2000)
#曲面图(反注释以下代码，即可显示曲面图)
#ax=plt.axes(projection='3d')
#ax.plot_surface(X, Y, Z, rstride=1, cstride=1, cmap='viridis',
#edgecolor='none')
#ax.set_title(u"全面图")
#ax.set_xlabel(u"X 轴")
#ax.set_ylabel(u"Y 轴")
#ax.set_zlabel(u"Z 轴")
#plt.savefig("11-8(2).png",dpi=2000)
```

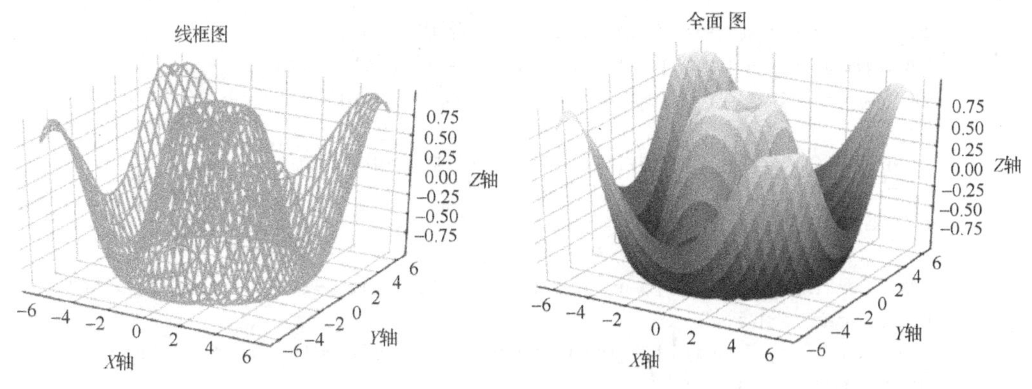

图 11.8　三维线框图与三维全面图

11.3　利用 Python 数据可视化分析实际问题

【例 11-9】空气质量是人们普遍关心的一个话题，一般使用 PM2.5 指标作为衡量空气质量的标准，当前数据为 2018 年 12 月份 1～10 日全国大部分城市的站点检测数据。将这些数据进行如下方面的可视化来查看各地 PM2.5 的分布情况。(2019 年安徽省大数据网络赛)

(1) 利用 Bar 图输出城市(city)合肥、黄山、芜湖的 PM2.5 指数，*Y* 轴表示平均数，*X* 轴表示城市名称。

(2) 利用折线图，画出各城市随时间的 PM2.5 值变化，要求将输出的折线图保存成图像文件，*Y* 轴表示 PM2.5 的值，*X* 轴表示日期，要求折线图中含图例，不同的城市用不同的颜色表达。

(3) 利用柱线混合图形画出合肥市的高新区、庐阳区的 PM2.5 的值。要求将输出的折线图保存成图像文件，*X* 轴表示时间，柱状表示高新区的 PM2.5 的值，线形表示庐阳区的 PM2.5 的值。要求图形中含有图例。

问题(1)的代码：

```
#-*- coding: utf-8 -*-
import pandas as pd
import matplotlib.pyplot as plt
import seaborn as sns
import numpy as np

plt.rcParams['font.sans-serif']=['SimHei']
                              #指定默认字体：解决 plot 不能显示中文问题
plt.rcParams['axes.unicode_minus']=False
                              #解决保存图像是负号'-'显示为方块的问题

#读入文件并自定义列名
airpm=pd.read_csv('airpm25.txt',header=None, names=['date', 'pm25','city',
                 'district'])
```

```
pm_hefei=airpm.pm25[airpm.city=="合肥"].mean()
pm_huangshan=airpm.pm25[airpm.city=="黄山"].mean()
pm_wuhu=airpm.pm25[airpm.city=="芜湖"].mean()

proportions=[pm_hefei,pm_huangshan,pm_wuhu]
city_list=['合肥','黄山','芜湖']
patterns=['x','/','+']

plt.bar(city_list[0], proportions[0], color='w', edgecolor='k',
hatch=patterns[0])
plt.bar(city_list[1], proportions[1], color='w', edgecolor='k',
hatch=patterns[1])
plt.bar(city_list[2], proportions[2], color='w', edgecolor='k',
hatch=patterns[2])

plt.xlabel(u'城市')
plt.ylabel(u'pm2.5 平均值')
#将图片保存为文件 demo.png
plt.savefig('demo.png', dpi=5000)
```

可视化图形如图 11.9 所示。

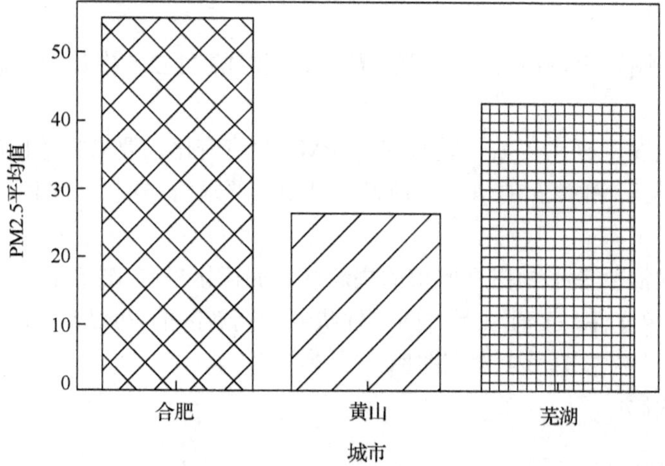

图 11.9　使用 Bar 图进行城市 PM2.5 指标可视化展示

问题(2)的代码：

```
#coding: utf-8
import pandas as pd
import matplotlib.pyplot as plt
import seaborn as sns
import numpy as np
from datetime import datetime
import matplotlib.dates as mdates
from matplotlib.dates import AutoDateLocator

plt.rcParams['font.sans-serif']=['SimHei']
                              #指定默认字体：解决 plot 不能显示中文的问题
```

```
plt.rcParams['axes.unicode_minus']=False
                          #解决保存图像是负号'-'显示为方块的问题

#读入文件并自定义列名
airpm=pd.read_csv('airpm25.txt',header=None, names=['date', 'pm25',
                        'city', 'district'])

#将数据按照日期和城市分组，并求每天的平均值
airpm_group=airpm.groupby(['city','date'],as_index=False)
                ['pm25'].mean()

#将日期设置为索引
data=airpm_group.set_index('date');

#绘制合肥 PM2.5 的折线图
data_hefei=data.index[data.city=='合肥']
data_hefei_translation=[datetime.strptime(str(d), '%Y%m%d').date()
for d in data_hefei]
data_hefei_mean=data['pm25'][data.city=='合肥'].values
plt.plot(data_hefei_translation, data_hefei_mean,'b',marker='s',
lw=1.5,label="合肥",color='k')

#绘制黄山 PM2.5 的折线图
data_huangshan=data.index[data.city=='黄山']
data_huangshan_translation=[datetime.strptime(str(d), '%Y%m%d').
date() for d in data_hefei]
data_huangshan_mean=data['pm25'][data.city=='黄山'].values
plt.plot(data_huangshan_translation, data_huangshan_mean,'b',
marker='o'lw=1.5, label="黄山",color='k')

#绘制芜湖 PM2.5 的折线图
data_wuhu=data.index[data.city=='芜湖']
data_wuhu_translation=[datetime.strptime(str(d), '%Y%m%d').date()
for d in data_hefei]
data_wuhu_mean=data['pm25'][data.city=='芜湖'].values
plt.plot(data_wuhu_translation, data_wuhu_mean,'b',marker='^',
lw=1.5,label="芜湖",color='k')

#设置图形的一些属性
autodates=AutoDateLocator()                  #时间间隔自动选取
plt.gca().xaxis.set_major_formatter(mdates.DateFormatter('%Y-%m-%d'))
#显示时间坐标的格式
plt.gcf().autofmt_xdate()                    #自动旋转日期标记
plt.xlabel('日期',size=20)                    #x 轴名称
plt.ylabel('当天平均 PM2.5',size=20)          #y 轴名称
#添加图例
plt.legend(loc=0)
```

```
#展示图形
plt.show()
```

可视化图形如图 11.10 所示。

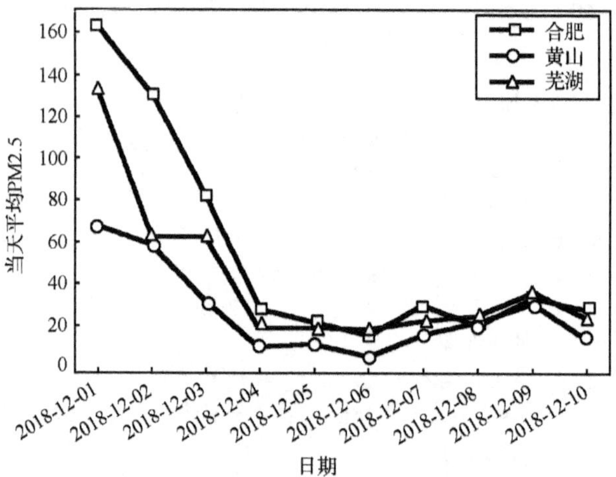

图 11.10　使用折线图展示各城市 PM2.5 值随时间变化情况

问题(3)的代码：

```
#coding: utf-8
import pandas as pd
import matplotlib.pyplot as plt
import seaborn as sns
import numpy as np
from datetime import datetime
import matplotlib.dates as mdates
from matplotlib.dates import AutoDateLocator

plt.rcParams['font.sans-serif']=['SimHei']
                    #指定默认字体：解决 plot 不能显示中文的问题
plt.rcParams['axes.unicode_minus']=False
                    #解决保存图像是负号'-'显示为方块的问题

#设置图形的一些属性
autodates=AutoDateLocator()                #时间间隔自动选取
plt.gca().xaxis.set_major_formatter(mdates.DateFormatter('%Y-%m-%d'))
                                           #显示时间坐标格式
plt.gcf().autofmt_xdate()                  #自动旋转日期标记
plt.xlabel('日期',size=20)                 #x 轴名称
plt.ylabel('PM2.5',size=20)                #y 轴名称

#读入文件并自定义列名
airpm=pd.read_csv('airpm25.txt',header=None, names=['date', 'pm25',
'city', 'district'])
```

```
#将日期设置为索引
data=airpm.set_index('date');

#绘制合肥庐阳区 PM2.5 的折线图
data_luyang=data.index[(data['city']=='合肥') &(data['district']==
'庐阳区')]
data_luyang_translation=[datetime.strptime(str(d), '%Y%m%d').date()
for d in data_luyang]
data_luyang_mean=data['pm25'][(data['city']=='合肥') &(data
['district']=='庐阳区')].values
plt.plot(data_luyang_translation, data_luyang_mean,lw=1.5,label=
"庐阳区",color='red')

#保存折线图
plt.savefig('demo3.png')

#绘制合肥高新区 PM2.5 的柱状图
data_gaoxin=data.index[(data['city']=='合肥') &(data['district']==
'高新区')]
data_gaoxin_translation=[datetime.strptime(str(d), '%Y%m%d').date()
for d in data_gaoxin]
data_gaoxin_mean=data['pm25'][(data['city']=='合肥') &(data
['district']=='高新区')].values
plt.bar(data_gaoxin_translation, data_gaoxin_mean,label="高新区",
color='blue')

#添加图例
plt.legend(loc=0)

#展示图形
plt.show()
```

可视化图形如图 11.11 所示。

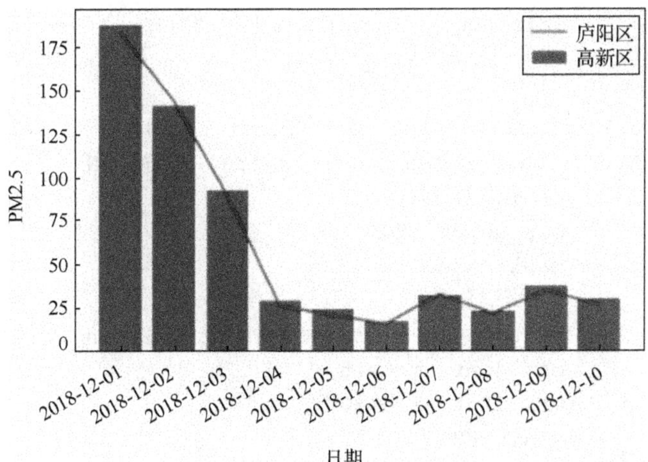

图 11.11　使用柱线混合图形展示合肥市的高新区、庐阳区的 PM2.5 的值

11.4 WordCloud 实现词云可视化

本节的主要工作是实现中文词云的制作，首先需要完成对中文文本的分词工作。由于英文词与词自带空格作为分隔符，相比于中文分词要简单得多。我们在做中文分词时，需要把词语从一整段话中筛出来，所谓分词即是将文本序列按完整的意思切分成一个一个的词，方便进行下一步的分析，如词频统计。

首先，打开 Anaconda Prompt，使用 pip install jieba 命令安装中文分词器“结巴”使用 pip install wordcloud 命令安装词云生成库 WordCloud。然后读入准备好的要生成词云的中文文档，本节选取宿州学院官网新闻“宿州学院 2018 年十大新闻”(http://www.ahszu.edu.cn/info/1061/32681.htm)作为中文词云的来源，绘制词云图如图 11.12 与图 11.13 所示。

【例 11-10】使用 WordCloud 绘制中文词云。

```
#-*- coding: utf-8 -*-
import jieba
from PIL import Image
import numpy as np
from wordcloud import WordCloud
#读取停用词库
with open("stop_words.txt","r") as f:
    stopwords={}.fromkeys(f.read().split("\n"))
#加载用户自定义词典
jieba.load_userdict("usr_dict.txt")
#读取将要显示词云的文本信息
text=""
with open("information.txt", "r") as f:
    text=f.read()
segs=jieba.cut(text)
mytext_list=[]
#文本清洗
for seg in segs:
    mytext_list.append(seg.replace(" ",""))
cloud_text=",".join(mytext_list)
#词云形状
cloud_mask=np.array(Image.open("heart.png"))
wc=WordCloud( background_color="white", #背景颜色
               #显示最大词数
               max_words=200,
               mask=cloud_mask,
               #使用中文字体
               font_path="C:\Windows\Fonts\simfang.ttf",
               min_font_size=15,
               max_font_size=80,
               width=800
               )
```

```
wc.generate(cloud_text)
#wc.to_file("wordcloud.png")
wc.to_file("wc_heart.png")
```

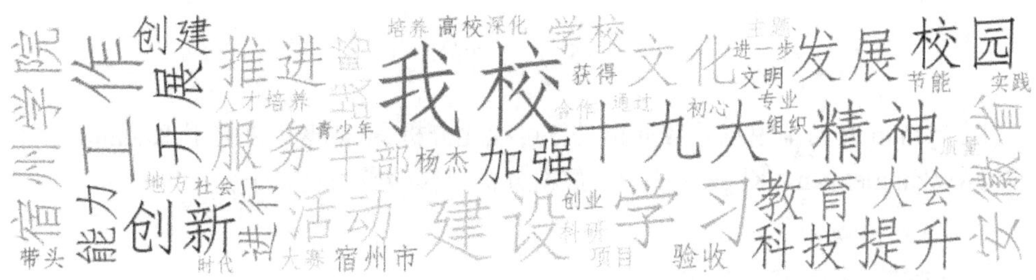

图 11.12　中文词云

在绘制词云图的时候，可以通过 WordCloud 的 mask 参数指定词云图的轮廓，绘制出指定形状的图片。用一张红色的“心形”图片，WordCloud 会识别出“心形”形状，绘制的词云图如图 11.13 所示。

图 11.13　心形形状的词云图

本 章 小 结

本章简明扼要地讲述了 Python 语言在 GUI 方面的应用，重点讲解了利用 Matplotlib 以及 WordCloud 实现数据科学与数据分析中常用的散点图、折线图、柱状图、词云图等方面的数据可视化。通过本章的学习，不仅可以让学生掌握简单的数据可视化方法，而且打开了数据可视化分析的大门，如需全面详尽的数据可视化知识，可以单独学习专门的数据可视化课程。

实　　验

利用 Python 对泰坦尼克号数据集进行可视化分析。(数据集来自于 Kaggle，网址：https://www.kaggle.com，Kaggle 是一个数据分析建模的应用竞赛平台。)

```
#导入训练数据集
import pandas as pd
import numpy as np
from pandas import Series,DataFrame
f=open(r'E:\Python\数据分析\data\train.csv')
data_train=pd.read_csv(f)
#对数据进行初步分析
data_train.describe()
```

运行结果如图 11.14 所示。

	PassengerId	Survived	Pclass	Age	SibSp	Parch	Fare
count	891.000000	891.000000	891.000000	714.000000	891.000000	891.000000	891.000000
mean	446.000000	0.383838	2.308642	29.699118	0.523008	0.381594	32.204208
std	257.353842	0.486592	0.836071	14.526497	1.102743	0.806057	49.693429
min	1.000000	0.000000	1.000000	0.420000	0.000000	0.000000	0.000000
25%	223.500000	0.000000	2.000000	20.125000	0.000000	0.000000	7.910400
50%	446.000000	0.000000	3.000000	28.000000	0.000000	0.000000	14.454200
75%	668.500000	1.000000	3.000000	38.000000	1.000000	0.000000	31.000000
max	891.000000	1.000000	3.000000	80.000000	8.000000	6.000000	512.329200

图 11.14　运行结果截图 1

进一步分析：

```
data_train.info()
```

运行结果如图 11.15 所示。

```
RangeIndex: 891 entries, 0 to 890
Data columns (total 12 columns):
PassengerId     891 non-null int64
Survived        891 non-null int64
Pclass          891 non-null int64
Name            891 non-null object
Sex             891 non-null object
Age             714 non-null float64
SibSp           891 non-null int64
Parch           891 non-null int64
Ticket          891 non-null object
Fare            891 non-null float64
Cabin           204 non-null object
Embarked        889 non-null object
dtypes: float64(2), int64(5), object(5)
memory usage: 83.6+ KB
```

图 11.15　运行结果截图 2

数据可视化分析：

```
import matplotlib.pyplot as plt

plt.rcParams['font.sans-serif'] = ['SimHei']
            #指定默认字体，解决 plot 不能显示中文问题
plt.rcParams['axes.unicode_minus'] = False
            #解决保存图像是负号'-'显示为方块的问题

fig = plt.figure(figsize=(12, 7))
fig.set(alpha=0.2)
plt.subplot2grid((2,3),(0,0))
data_survive=data_train.Survived.value_counts()
plt.bar(0, data_survive[0], color='w',edgecolor='k', hatch='/')
plt.bar(1, data_survive[1], color='w',edgecolor='k', hatch='+')
plt.xticks([0, 1])
plt.title(u'获救情况（1 为获救）')
plt.ylabel(u"人数")

plt.subplot2grid((2,3),(0,1))
data_Pclass=data_train.Pclass.value_counts()
plt.bar(1, data_Pclass[1], color='w', edgecolor='k', hatch='/')
plt.bar(2, data_Pclass[2], color='w', edgecolor='k', hatch='.')
plt.bar(3, data_Pclass[3], color='w', edgecolor='k', hatch='+')
plt.xticks([1, 2, 3])
plt.title(u"乘客等级分布")
plt.ylabel(u"人数")

plt.subplot2grid((2,3),(0,2))

plt.scatter(data_train.Survived, data_train.Age, color='k')
plt.xticks([0, 1])
plt.ylabel(u"年龄")
plt.title(u"按年龄看获救分布（1 为获救）")

plt.subplot2grid((2,3),(1,0),colspan=2)
data_train.Age[data_train.Pclass==1].plot(kind='kde', linewidth=2,
color='k')
data_train.Age[data_train.Pclass==2].plot(kind='kde', linestyle=
'--', linewidth=2,color='k')
data_train.Age[data_train.Pclass==3].plot(kind='kde', linestyle=' :',
linewidth=2, color='k')
plt.xlabel(u"年龄")
plt.ylabel(u"密度")
plt.title(u"各等级的乘客年龄分布")
plt.legend((u'头等舱', u'2 等舱',u'3 等舱'),loc='best')

plt.subplot2grid((2,3),(1,2))
```

```
data_embarked = data_train.Embarked.value_counts()
plt.bar('S', data_embarked['S'], color='w', edgecolor='k', hatch='/')
plt.bar('C', data_embarked['C'], color='w', edgecolor='k', hatch='*')
plt.bar('Q', data_embarked['Q'], color='w', edgecolor='k', hatch='+')
plt.title(u"各登船口岸上船人数")
plt.xlabel(u'登船口')
plt.ylabel(u"人数")

plt.show()
```

数据可视化结果如图 11.16 所示。

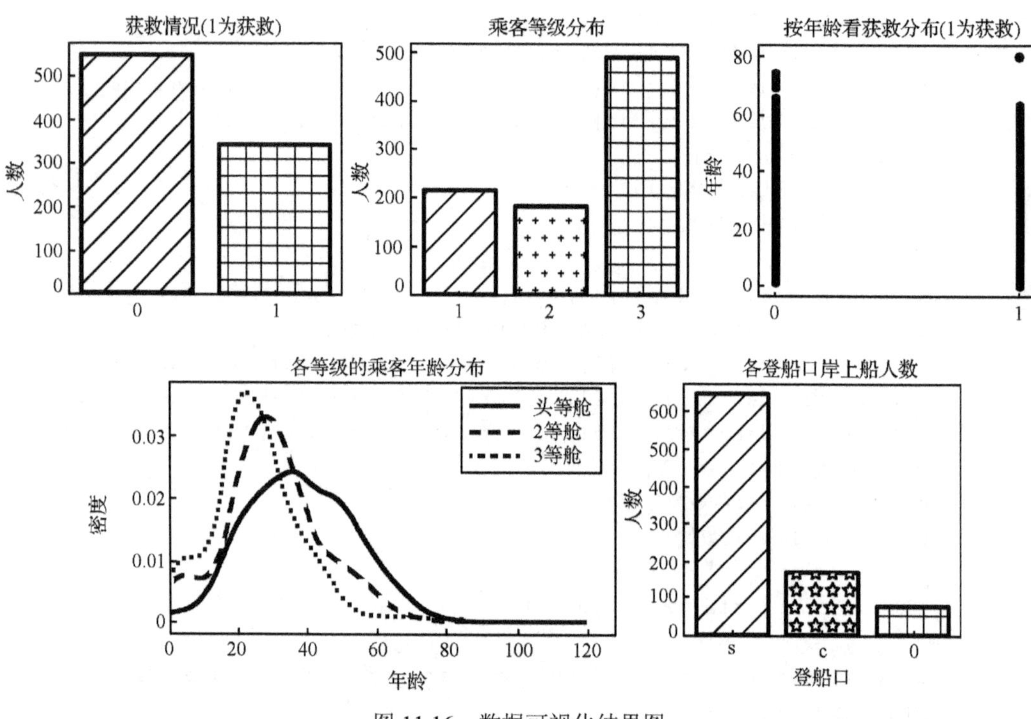

图 11.16　数据可视化结果图

习　题　11

1．使用 Matplotlib 绘制线形图、柱状图、箱线图和散点图。
2．使用 Matplotlib 绘制三角函数中正弦函数、余弦函数、正切函数以及余切函数。
3．选择自己感兴趣的文档，使用 WordCloud 绘制词云图。

参 考 文 献

董付国, 2018. Python 程序设计基础. 北京: 清华大学出版社.

HETLAND M L, 2016. Python 基础教程. 3 版. 袁国忠, 译. 北京: 人民邮电出版社.

夏敏捷, 张西广, 2018. Python 程序设计应用教程. 北京: 中国铁道出版社.